電気理論

第2版

池田哲夫 =著

ELECTRIC THEORY
The second edition

森北出版株式会社

┌─ ◆電気抵抗および抵抗器の記号について ──────────
│ JIS では (a) の表記に統一されたが，まだ論文誌や実際の作業現場では
│ (b) の表記を使用している場合が多いので，本書は (b) で表記している．

│ 　　　　　　　　(a)　　　　　　　　(b)

│ ※ 本書では，他の記号においても旧記号を使用している場合があります．
└────────────────────────────────

● 本書のサポート情報を当社 Web サイトに掲載する場合があります．
下記の URL にアクセスし，サポートの案内をご覧ください．

　　　　　　　http://www.morikita.co.jp/support/

● 本書の内容に関するご質問は，森北出版 出版部「(書名を明記)」係宛
に書面にて，もしくは下記の e-mail アドレスまでお願いします．なお，
電話でのご質問には応じかねますので，あらかじめご了承ください．

　　　　　　　editor@morikita.co.jp

● 本書により得られた情報の使用から生じるいかなる損害についても，
当社および本書の著者は責任を負わないものとします．

■ 本書に記載している製品名，商標および登録商標は，各権利者に帰属
します．

■ 本書を無断で複写複製（電子化を含む）することは，著作権法上での
例外を除き，禁じられています．複写される場合は，そのつど事前に
(社)出版者著作権管理機構（電話 03-3513-6969，FAX 03-3513-6979，
e-mail：info@jcopy.or.jp）の許諾を得てください．また本書を代行業者
等の第三者に依頼してスキャンやデジタル化することは，たとえ個人や
家庭内での利用であっても一切認められておりません．

「基礎からの電気・電子工学」発刊の序

　最近の科学技術の発展はまことに目覚ましい．中でも，エレクトロニクスやコンピュータなど電気・電子工学分野での科学技術の進歩には目をみはるものがある．半導体工学を中心とするエレクトロニクス技術の進歩は，一昔前には想像もつかなかったような多種多様な応用技術を人類にもたらしている．コンピュータの発達は我々の社会生活のあり方をも大幅に変えようとしており，また通信技術の発達により世界中の出来事を即座に知ることもできるようになっている．

　電気・電子工学に関する学問の成果は，単に電気・電子・情報産業のみならずあらゆる産業の分野で応用され，さらに産業界だけでなく，我々の社会生活，家庭生活のすみずみにまで浸透・普及している．現代社会は電気・電子技術なしには存在が考えられない程，その影響を強く受けており，電気・電子技術は情報社会とよばれている今日の高度技術文明社会を支えている最も強力な担い手となっている．

　したがって，これからの高度技術社会を生きる技術者，工学者にとっては，専門分野のいかんを問わず，電気・電子工学に関する理解を深め，しっかりした知識を身につけておくことが重要である．しかし，電気・電子工学の応用範囲は極めて広く，またその内容は日進月歩で進歩する技術の発展に伴い絶えず変化し拡大されている．このため，電気・電子工学について理解を深めるためには，単に知識を幅広く習得するだけでは無意味で，学問の本質を深く掘り下げ，学問や技術の発展の基礎となる基礎的で本質的な知識を身につけ，これを自らの力で発展させ生長させて行く能力を養うことが肝要である．

　本シリーズは，以上のような考えをもとに，初めて電気・電子工学を学ぶ電気系学生，また電気・電子・情報など電気関係の分野を専門としない学科や専門外の人々に対して，電気・電子工学に関する基礎知識を体得させることを目

的として企画したものである．

　本シリーズは

　　「電気理論」

　　「電子回路」

　　「電気機器」

　　「電子計算機」

　　「電子計測と制御」

の5巻よりなる．これらは，いずれも多種多様な電気・電子の応用技術の基礎となり，核となる事項で，本シリーズを学ぶことにより，電気・電子工学の学問的基礎を会得するとともに，メカトロニクス，エレクトロニクス，コンピュータ，オートメーションなど，これからの科学技術発展の鍵を握る技術的課題について，基本的な事柄がよく理解できるよう内容についてもよく吟味してある．

　各巻の執筆は，それぞれの専門分野で活躍しておられる第一線の先生方にお願いして，具体的に分りやすい内容に記述して頂いており，かならずや読者の方々のご期待に添い得るものと考えている．

　これからの時代を担う技術者に求められているのは，習得した専門知識の多少ではなく，知識を活用し発展させることのできる活力と創造力である．本シリーズの読者が，このことを念頭において勉学し，本シリーズで学んだ基礎知識をもととして，これからの時代が要請する新しいニーズに結びつけるように発展させることを願って止まない．

編者　穴山　武
池田哲夫

第2版の序文

　本書発刊以来早くも16年余を経たが，この間幸いにも多数の読者を得て，この度改版の運びとなったことは，著者にとって誠に喜ばしいことである．今回の改版に当たっては，本書にこれまでにお寄せいただいた多くのご意見を参照して，見直しを行った．

　具体的な改訂としては，数学の基礎的な扱いと，単位に対する考え方をわかりやすくまとめ，必要な箇所に挿入した．さらに，演習問題を大幅に増加させたことである．追加した演習問題はやや易しい問題を中心としているが，これは各自が自習することを前提としており，追加した全問題に詳細な解答を付けた．その他にも，全巻にわたって補筆修正を行った．もう一つの改訂点は，この機会にレイアウトを一新したことである．

　本書は電気関係の入門書としての性格を考慮し，専門的な事項や特殊な解析に関する事項は避けることとした．しかし，本書の基本的な性格は以前と少しも変わっていない．

　本書が読者の勉学にいく分でも役立つならば，著者の非常な喜びである．

2006年11月

著　者

序　文

　電気は，照明・熱・動力・TV・電話・電子計算機などのあらゆる分野で利用されている．いまや電気のない我々の日常生活は考えられないことは，ニューヨークの大停電の例をみるまでもないことである．このように利用されている電気の事象を十分に理解するために，電気の理論を学ぼうと考えても，初心者にとっては容易ではない．これは電気それ自身を直接目で見ることが出来ないことが原因の一つと考えられる．

　そこで本書は，初めて電気工学を学ぶ学生や，電気関係の分野を専門とはしないが電気工学の基礎を必要とする人達にとって，電気理論のわかりやすい入門書となるように心がけたものである．電気磁気学と電気回路学についての基礎的な問題をできるだけ平易に解説し，理解を助けるために多くの例題や数値による説明を加えた．また各章末には多くの問題を付け，巻末に略解を与えてあるので，これらの問題を是非とも各自で解いていただきたい．

　電気工学のすべての分野を述べ，多くの応用例を記述することは，限られた頁数の中では困難であるので，十分な理解を得るために，特に重要と考えられる事項に限って記述した．電気理論の考え方をよく理解していただきたい．更に電気工学に対する興味を増して，電気工学の発展に寄与する技術者として専門的な学習を行うことを期待している．

　電気工学の入門者に十分に理解できる教科書をと考えて，浅学をも顧りみず筆をとったが，当初の志とは異なり，意に満たぬ点が多く，申し訳なく思っている．本書を書くに当って，数多くの文献を参考にさせて頂き，これらの著者に深く感謝する．また薫陶を受けた多くの先生方にお礼を申し上げます．出版に当って，森北出版の関係各位には，なみなみならぬ御好意を頂いたことに対して厚く御礼を申し上げる．

1989 年 7 月

　　　　　　　　　　　　　　　　　　　　　　　　　　　　　著　者

目　次

第1章　電気の基礎 — 1
- 1.1　電気の利用 …… 1
- 1.2　電気を量としてとらえる …… 4
- 1.3　電気の単位 …… 5
- 1.4　基本単位とその数 …… 9
- 1.5　組立て単位と次元 …… 12
- 演習問題1 …… 13

第2章　電気抵抗とオームの法則 — 14
- 2.1　導体と絶縁体 …… 14
- 2.2　電気抵抗 …… 16
- 2.3　オームの法則 …… 18
- 2.4　抵抗の接続 …… 20
- 2.5　電池の接続 …… 22
- 2.6　キルヒホッフの法則 …… 24
- 2.7　重ねの定理 …… 28
- 2.8　テブナンの定理 …… 29
- 2.9　電力とジュール熱 …… 30
- 演習問題2 …… 31

第3章　交流回路 — 34
- 3.1　正弦波交流 …… 34
- 3.2　実効値 …… 37
- 3.3　交流で用いられる回路素子とインピーダンス …… 39

vi 目次

   3.4　交流回路の計算 …………………………………… 42
   3.5　瞬時電力 ………………………………………………… 45
   演習問題 3 ………………………………………………… 46

第 4 章　交流回路の計算法 ——————————————— 49

   4.1　交流のベクトル表示 ………………………………… 49
   4.2　交流回路の基本計算 ………………………………… 53
   4.3　インピーダンスの接続 ……………………………… 57
   4.4　RL 直列回路 …………………………………………… 59
   4.5　RC 直列回路 …………………………………………… 63
   4.6　RLC 直列回路 ………………………………………… 66
   4.7　はしご形回路 ………………………………………… 69
   4.8　相互誘導を含む回路 ………………………………… 70
   4.9　交流ブリッジ回路 …………………………………… 71
   演習問題 4 ………………………………………………… 73

第 5 章　電気回路の過渡現象 ———————————————— 77

   5.1　定常解と過渡解 ……………………………………… 77
   5.2　1 階の微分方程式で表される現象 − RL 回路 − …… 79
   5.3　1 階の微分方程式で表される現象 − RC 回路 − …… 86
   5.4　2 階の微分方程式で表される現象 ………………… 91
   演習問題 5 ………………………………………………… 95

第 6 章　電荷と電界 ——————————————————————— 98

   6.1　電荷とクーロンの法則 ……………………………… 98
   6.2　電界と電気力線 ……………………………………… 101
   6.3　ガウスの定理 ………………………………………… 105
   6.4　電位と電位差 ………………………………………… 107
   6.5　静電容量 ……………………………………………… 110
   演習問題 6 ………………………………………………… 115

第7章 磁石と磁界 — 118

- 7.1 磁石と磁界 ………………………………………… 118
- 7.2 電流と磁界 ………………………………………… 122
- 7.3 電磁力 ……………………………………………… 130
- 7.4 磁化と磁性体 ……………………………………… 134
- 7.5 磁性体 ……………………………………………… 136
- 7.6 磁気回路 …………………………………………… 139
- 演習問題 7 …………………………………………… 142

第8章 電磁誘導 — 145

- 8.1 電磁誘導作用 ……………………………………… 145
- 8.2 自己インダクタンス ……………………………… 148
- 8.3 相互インダクタンス ……………………………… 150
- 8.4 インダクタンスの計算 …………………………… 154
- 演習問題 8 …………………………………………… 155

第9章 機械系と電気系の類推 — 158

- 9.1 電磁気における類推 ……………………………… 158
- 9.2 電気系と機械系の類推 …………………………… 160
- 9.3 流体系と電気系の類推 …………………………… 167
- 9.4 電気と熱の類推 …………………………………… 169
- 演習問題 9 …………………………………………… 171

第10章 三相交流 — 175

- 10.1 平衡三相交流 …………………………………… 175
- 10.2 星形結線 (Y 結線) ……………………………… 178
- 10.3 環状結線 (Δ 結線) ……………………………… 180
- 10.4 星形結線と環状結線の負荷の変換 …………… 182
- 10.5 三相回路の電力 ………………………………… 186
- 演習問題 10 ………………………………………… 188

演習問題解答 —————————————————— 192
参考文献 ———————————————————— 214
付　録 ————————————————————— 215
索　引 ————————————————————— 218

📖 STUDY
　連立1次次方程式と行列 …………………………………… 27
　複素数 ……………………………………………………… 52
　微分方程式 ………………………………………………… 78
　ベクトル …………………………………………………… 100
　電気の単位系 ……………………………………………… 133

1 電気の基礎

物理学の中で，電磁現象は理解し難いといわれている．その理由は，電磁現象はほとんどの現象を直接目で見ることができないことに起因していると考えられる．一方，われわれを取り巻く生活環境は，電気・電子・電波応用機器が非常に多く，これらの機器の恩恵を無視しては，生活が成立しない．そのような意味で，電気を定量的に理解することは，重要な課題と考えられる．

本章では，われわれの日常生活で用いられている電気機器を通して，電気を量としてとらえる感覚を養うことを主目的としている．電気を表現する基本単位と物理的な量との関係を学んでほしい．

1.1 電気の利用

人類が高度な文化生活を維持していくためには，非常に多くのエネルギーを必要とし，エネルギーの消費量は文化のバロメータと見ることもできる．これらのエネルギーの中で，電気エネルギーは最も利用しやすい形をしており，産業活動，経済活動に対して，重要な役割を果たしている．その結果，全エネルギーの需要に対して電気エネルギーの占める割合も増加し，1990年における日本のエネルギー消費は石油換算で5.9億klで，そのうちの38%を電力で賄っている．

われわれの生活は電気エネルギーに頼りきっているといっても過言ではない．一方，電気をエネルギーとして直接利用するのではなく，情報の担い手として利用しているエレクトロニクスも文化生活を支える重要な柱といえる．半導体技術の発達は電子計算機となって，生活・産業に浸透し，また通信技術と相まって情報社会を作りだしている．このようなエレクトロニクス技術を利用した情報システムの生活への普及はもはやわれわれの生活に欠くことのできな

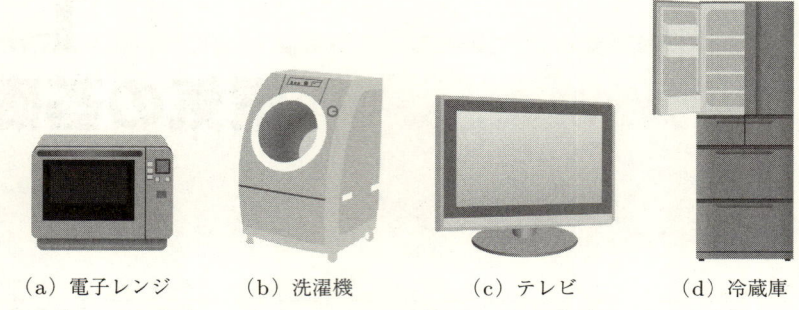

(a) 電子レンジ　　(b) 洗濯機　　(c) テレビ　　(d) 冷蔵庫

図 1.1　家電製品の例

いものである．

　このように便利に用いられている電気は，ほとんどが電気そのままの形でなく，熱や光あるいは力として，また化学エネルギーとして利用されている．また電気はその伝わる速さが光速であって，信号の伝達や制御システムへの応用に非常に適した性質をもっているといえる．

　電気を他の形のエネルギーとして最初に注目したのは，1600 年に著されたギルバートの「磁石について」であると考えられるが，電池の発明，電磁波の発見など数多くの先覚者達による発明・発見の積み重ねの結果，電流の磁気作用，熱作用，化学作用，電磁波の考え方などが整理されて，技術として確立し，応用されている．このように電気エネルギーは他の形のエネルギーとの間で相互変換が容易であり，伝達速度が速く，制御が正確に行えるなどの特徴をもっているので，その応用範囲は極めて広く，ほとんどの産業分野，家庭，医療，更に宇宙開発へと及んでいる．

　そこで電気の応用されている分野を系統だててまとめると次のようになる．

■ **電気をエネルギーとして利用**

- 熱エネルギー　　　　電熱器，電気炉，電子レンジ
- 光エネルギー　　　　白熱電球，蛍光灯，LED
- 動力エネルギー　　　モーター，電車，エレベーター，扇風機
- 化学作用　　　　　　電気鍍金，電解精練
- その他　　　　　　　放電加工，レーザー加工，超音波加工

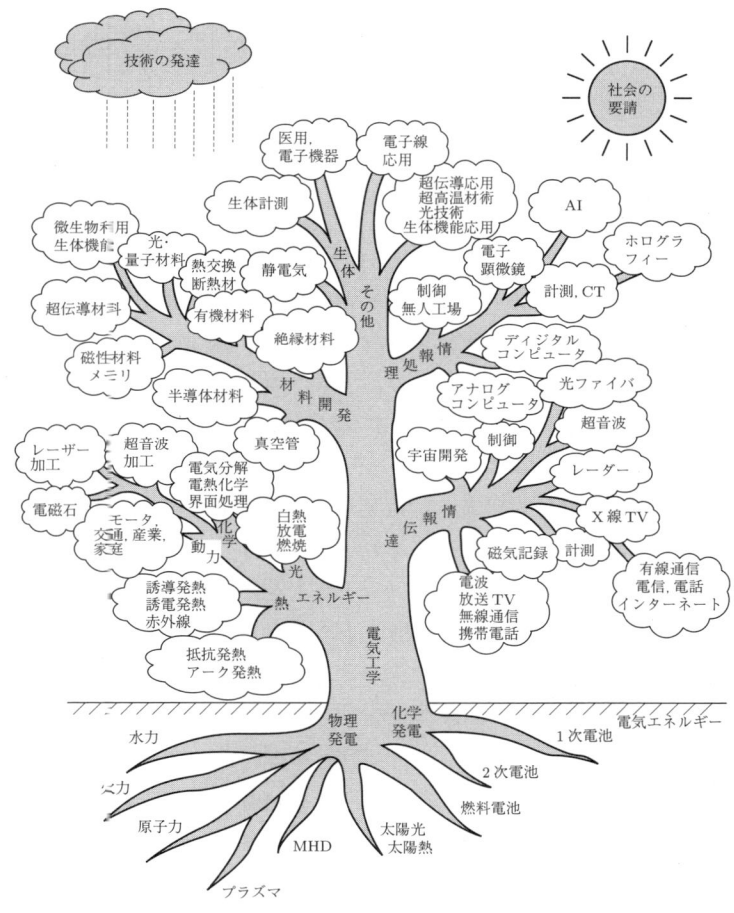

図 **1.2** 電気利用の木

■ 情報の伝達・処理の手段として利用

- 伝達の手段

電流または電圧	電話,計測
電磁波	ラジオ,テレビ,レーダー,宇宙通信
超音波	魚群探知,探傷,診断
X線	診断,治療,X線テレビ,結晶解析
光	通信,計測,表示,装飾

- 処理の手段　　　　　電子計算機
- 制御の手段　　　　　工作機械，プラント
- その他　　　　　　　治療器，電子顕微鏡，ホログラフィー

1.2　電気を量としてとらえる

前節で述べたように，電気はわれわれの身の回りのあらゆる分野で利用され，その重要性が増すことはあっても，不必要になることはない．しかし，電気は目に見えないという理由で，電気を専攻している者以外の人々にとっては，非常に理解しにくい分野といわれている．つまり電気は定量的にとらえにくい性質をもつと考え，電気の諸性質を把握するのに失敗していると思われる．もし，電気を定量的にとらえることができれば，その量に対して電気は忠実に動作し，電気の持つ諸性質の理解は深まり，電気を積極的に応用することができる．

電気を量としてとらえることは，それほど困難なことではない．**電池**に導線で豆電球をつなぐと，電球のフィラメントが光を出す現象はだれでもが観測できるあたりまえの現象である．これは電池の陽極から導線を通って電流が流れ，フィラメントに熱が発生し，それが発光するためであると説明されている．ところが同じ電池を 100 W の電球につないだ場合はどうであろうか．回路図はどちらも同じ図 1.3 (b) で描けるのに，この場合の電球は光らない．またこのような使い方をする人もいないであろう．これは無意識のうちに電気の諸量を考えて，適当な接続が行われていない場合には，十分な動作が期待できないと結論付けているものと考えられる．

このように電気を定量的に把握することが，電気を理解する第一歩である．

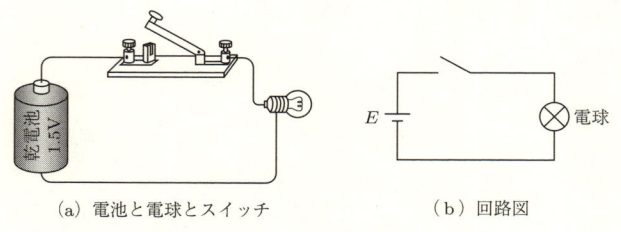

(a) 電池と電球とスイッチ　　　　(b) 回路図

図 **1.3**　電池と電球の接続

見えない電気を量としてとらえられれば，正確に数式で表現することができる．

1.3 電気の単位

電気を定量的にとらえるということは，電気を計測することである．つまり定性的であると同時に定量性が要求される．計測ということは基準となる量，つまり単位の大きさに比べて，何倍あるかという比較である．

われわれが物理的な大きさを測るのに，基本的な物理量のいくつかを選び，これらの量を組合わせて，他の量を表現している．この初めに選んだ量が適当であれば，他のすべての物理量を矛盾なく表すことができる．この量を**基本単位**といい，その選び方は本来任意であるが，理論的に基礎的な量であって，これから導かれる誘導単位または組立単位の次元式が複雑にならないことが望ましい．運動と力学の範囲では基本量は3個 (長さ・質量・時間) で十分であるが，電気磁気学まで含めるとさらに1個の基本量 (電流) を追加しなければならない．

さて上記のような基本単位を考えながら，電気で用いる**誘導単位系**を考えてみよう．図 1.4 に示す例を考え，電気が流れるということは，電気をもった物体つまり**電荷** (electric charge) をもつ電子 (electron) が導線の中を移動することと考える．この電荷の流れを**電流** (electric current) という．電流の流れる回路を**電気回路** (electric circuit) という．

電圧を印加する**電極** (electrode) には電池 (battery) が接続され，陰極からは

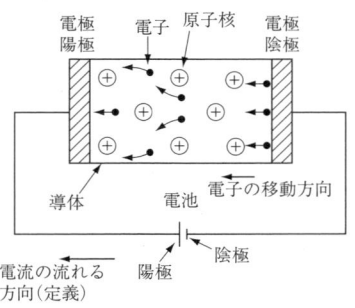

図 **1.4** 電子の移動方向と電流の方向

電子が次々と供給される．導体中を自由に動ける**自由電子**は電荷を運ぶ担体 (carrier) となっている．この電子は電池の陰極から陽極に向って流れているが，習慣的に電子の流れと反対の方向を電流の流れる方向と定めている．

このようにして，導体の断面を 1 秒間に通過する電気の量を電流 (I で表す) といい，その単位は**アンペア** (単位記号は A) を用いる．**電気量** (Q で表す) には**クーロン** (単位記号は C) を用いる．時間 T [s] の間に Q [C] の電荷が流れている場合の電流 I[A] は

$$I \ [\text{A}] = \frac{1}{T}\int_0^T i(t)\,dt = \frac{1}{T}Q \quad [\text{C/s}] \tag{1.1}$$

導体を流れる**電流**を測定するのには**電流計** (ammeter) が用いられる．電流計は電流と磁界の相互作用 (第 7 章参照) や熱効果を利用して，電流の大きさを測るものであって，計測器の基本となっている．最近はディジタル技術の進歩で，電子式の電流計も多く用いられている．

例題 1.1

60 秒間に 60 C の電気量が流れた．電流は均一に流れているものとして，流れている電流を求めよ．

解

式 (1.1) より

$$I = \frac{Q}{T} = \frac{60}{60} = 1\ \text{A}$$

例題 1.2

4 A の電流が 16 秒間流れている．移動した電気量を求めよ．また電気はすべて電子によって運ばれているものとすれば，約何個の電子が移動したか．

解

式 (1.1) より

$$Q = \int_0^T i(t)\,dt = IT = 4 \times 16 = 64\ \text{C}, \quad \text{ただし，}\ i(t) = I$$

電子 1 個のもつ電荷量は $q = 1.602 \times 10^{-19}$ C であるから

$$n = \frac{Q}{q} \fallingdotseq 40 \times 10^{19} \quad \text{個}$$

さて，電気が流れるということを考えたが，なぜ流れるのであろうか．電気が流れるということから水路に水が流れるモデルを考えることによって，そのイメージを考えてみよう．水は高低差がないと流れないように，電気にも高低があるものと考え，高い方から低い方へとその高さの差に応じて，電気を流そうとする力が働くものとし，このような電気の圧力を**電圧** (electric voltage) という．この電圧 (E または V で表す) は**ボルト** (単位記号は V) で測定される．電圧の原因となるものは，発電機や電池などの電源であって，その電気的性質を**起電力** (electric motive force) という．通常の乾電池の起電力は 1.5 V である．また，日常使用されている電力会社から送られてくる電気は 100 V であるが，これについては第 3 章と第 10 章で述べる．電位差を測定するには，電圧計 (voltmeter) が用いられる．

起電力 E が発生し，そこから電流 I が流れ出せば，時間 T の間に取り出すことのできるエネルギーは

$$W = \int_0^T e(t) \cdot i(t)\, dt = EIT \quad [\text{Ws}] \tag{1.2}$$

$$\text{ただし，} \quad e(t) = E, \quad i(t) = I$$

であり，これを電気の分野では**電力量*** という．W は電気がした仕事であり，その単位はワット・秒 [W·s] すなわち**ジュール** [J] となる．また毎秒になされる仕事率は次式で表され，これを**電力** (electric power) といい，単位はワット

図 1.5 電 流 計

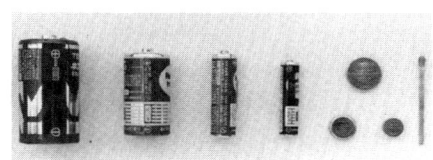

図 1.6 各種乾電池

---

* 実用的な単位としては，kWh が用いられる．1 kWh $= 3.6 \times 10^6$ Ws

[W] である (2.9 節参照).

$$W = \int_0^T p(t)\,dt = PT \quad [\text{W·s}]$$

ただし, $p(t) = P = EI$

よって

$$P = \frac{W}{T} = EI \quad [\text{W}] \tag{1.3}$$

このような電力はどのような形で仕事として取り出されるのであろうか. EIT [J] の電気エネルギーが電源から取り出され, 負荷が抵抗体であれば**ジュール熱**として, またモータであれば機械エネルギーに変換され, われわれはこれを利用している.

例題 1.3

800 W の電熱器を 30 分使用した. 電力量を求めよ.

解

式 (1.2) より

$$W = EIT = PT = 800 \times 30 \times 60 = 1.44 \times 10^6 \text{ J}$$
$$= 0.8 \times 0.5 = 0.4 \text{ kWh}$$

例題 1.4

1.2 kW の電熱器を 1 日に 2 時間使用し, 100 W の電球 4 個を 5 時間, 70 W のテレビを 6 時間, 40 W の冷蔵庫を, 24 時間使用する家庭における 1 ケ月 (30 日) の使用電力量を求めよ.

解

$$W = (1200 \times 2 + 100 \times 4 \times 5 + 70 \times 6 + 40 \times 24) \times 30$$
$$= 173400 \text{ Wh} = 173.4 \text{ kWh}$$

1.4 基本単位とその数

　長さを表す単位について考える．歴史的には，手の大きさや足の大きさが用いられていたが，個人差により必ずしも一定の長さにならなかった．日本では，1 尺 (= 0.3030 m) を基準として，1 寸 = 0.1 尺，1 間 = 6 尺，1 町 = 60 間，1 里 = 36 町のような単位が用いられていた．また，欧米では，1ft (フィート) (= 0.3048 m) を基準として，1 in (インチ) = 1/12 ft，1 yd (ヤード) = 3 ft，1 mile (マイル) = 1760 yd が用いられた．

　このように国や地域によって独自の基準が設定されていることは，互いの交流の妨げとなった．そこで，フランス革命に伴う合理的な考えによって，10 進法に基づく長さの単位として，地球の子午線の北極から赤道までの距離の 10^{-7} が 1 m (メートル) として提案された．

　この長さも完全ではないことがわかり，"白金とイリジュウムの合金によるメートル原器" が作られ，その長さを 1 m とした．メートル原器の精度は 10^{-6} であり，現在はさらに精度が要求されることから，"真空中の光の 1 秒間に進む長さの 1/299792458 を 1 m" と定めている．実際には，"クリプトン 86 の放射する赤橙色のスペクトル線の 1650763.73 倍を 1 m とする" ことに約束している．

　しかし，すべての長さがメートルで表されているのではなく，実用的には SI と併用される単位として，天文単位 (UA, astronomical unit) (地球と太陽の平均距離，= 149504000 km) や海里 (= 1852 m)，オングストローム (Å) (= 10^{-10} m)，光年 (l.y., light-year) (光が 1 年かって到達する距離，= 9.4605×10^{15} m) がある．

　重さについても同様な経緯をたどり，最初は地球上の空気のなかで体に感じる重さとして比べられていたものが，天秤の発明によって，場所や環境によらない本質的な量，質量として認識された．この単位も日本では貫 (= 3.75 kg) が用いられ，欧米ではポンド (1 lb, = 0.45359243 kg) が用いられていた．10 進法に基づく単位として，水 1000 cm^3 の 1 気圧，摂氏 4°C の質量と定義された．その後，"白金イリジウム製のキログラム原器" が作られ，各国に配布されている．天秤の精度は非常に高く，10^{-8} 程度である．将来は原子のようなもの

による標準が制定されると思われる．

　時間の単位は太陽や月の運行を基準としており，農業や漁業が季節の変化や潮の満ち干に強く影響を受けていたことによる．一年を12月とし，365日で表したのはかなり古くからであり，秒(唯一漢字が用いられている単位である，単位記号はs)は太陽の運行から定められ，最初は"平均太陽日の1/86400"と定められたが，自転の揺らぎがあることから，"1太陽年の1/31556925.9747"と定められた．太陽の公転も200年で0.5秒程度短くなることから，1967年に，"セシウム133原子の規定状態の超微細準位の間の遷移に対応する放射の9192631770周期の継続時間"と定めた．この1秒の正確さは10^{-10}である．すべての単位が10進数で表されているのに，時間だけは，歴史的に60進数が用いられている．

　物理量は長さと質量と時間で組み立てることができる．しかし，それでは特定の物理量は非常に複雑になる．そこで，電磁気量の単位を組み立てることを考えて，電流の単位，アンペア [A] を定義している．電流の単位は，"硝酸銀の溶液を通過し，毎秒0.00111800 gの銀を分離する普遍な電流"と定義されていたが，"真空中に1 mの間隔で平行に置かれた無限に細い円形断面積を有する無限に長い2本の直線状導体のそれぞれを流れ，これらの導体の長さ1 mごとに力の大きさが2×10^{-7}ニュートン [N] の力を及ぼしあう不変の電流"とする．この力は電流天秤や電流力計で測定されていた．各国では，電流の代わりに電圧や電気抵抗を標準としている．日本では，1977年からはジョセフソン効果を利用した電圧を標準とし，1990年からは量子ホール効果を利用した電気抵抗を国家標準としている．

　最初はセンチメートル，グラム，秒 (cm, g, s) を単位としたcgs単位系が提唱され，普及した．cgs単位系は理論的ではあるが，工業分野では実用的な大きさの観点から，メートル，キログラム，秒 (m, kg, s) を用いたMKS単位系に電流の単位アンペア [A] を加えて，MKSA単位系が提唱された．さらに実用的な観点から，温度のケルビン [K]，光度のカンデラ [cd]，物質量のモル [mol] が加えられて，SI単位系 (国際単位系，Systeme International d' Unites) が制定され，日本でも1993年に導入された．

例題 1.5

現在は国際的に (m, kg, s) が用いられているが,矛盾が無いように定めれば,単位はどのように基本量を定めても良い.たとえば質量の単位として地球の質量を 1 [地球質量] とし,長さの単位として光が単位時間に進む距離を 1 [光距離] とし,時間の単位として現在用いている秒を 1 [秒] と定めても良い.このように定めれば,m,kg,s との間にどのような関係が成り立つか.

解

1 (地球質量) $= 5.975 \times 10^{24}$ [kg]
1 (光距離) $= 299792458$ [m]
1 (秒) $= 1$ [s]

これらの値は日常用いる値にしては大きすぎる.しかし,このように定めると,光の速度は $c_0 = 1$ [光距離/秒]

$$\varepsilon_0 \mu_0 = \frac{1}{c_0^2} = 1 \ \left[\frac{秒}{光距離}\right]^2$$

となって,電磁界に関する各種の式の係数が簡単になる.

例題 1.6

現在,用いられている基本単位は力学の範囲では,長さ $[\![L]\!]$,質量 $[\![M]\!]$,時間 $[\![T]\!]$ であるが,基本単位として速度,力,エネルギーを用いるとすれば,これらはどのような関係にあるか.

解

$$速度 [m/s] = [\![LT^{-1}]\!]$$
$$力 [N] = [\![MLT^{-2}]\!]$$
$$エネルギー [J] = [Nm] = [\![ML^2T^{-2}]\!]$$

これらを逆に解けば,

$$長さ [\![L]\!] = \frac{エネルギー}{力}$$

$$時間 [\![T]\!] = \frac{長さ}{速度} = \frac{エネルギー}{速度 \cdot 力}$$

$$質量 [\![M]\!] = \frac{力 \cdot 時間 \cdot 時間}{長さ} = \frac{エネルギー}{(速度)^2}$$

である.

1.5 組立て単位と次元

　新しい事象が発見された場合には，これを表現するいろいろな量の単位を定め，数値的な関係式をもとめて，定量的な説明ができたことになる．この場合に新しい量が現れて，現在の量の単位からは定められないことがある．たとえば長さの単位 "m" があって，そこで体積を表現する必要がある場合は，これに "l" なる新しい単位を与えたとしても，この単位の間には，組み立てて表すことができることから，"m" と "l" は独立した単位とは言えない．

　物体の運動，つまり距離，速度，加速度だけを論ずるのであれば，長さと時間の単位だけで導かれる．長さの次元 (dimension) を $[\![L]\!]$，時間の次元を $[\![T]\!]$ とすれば，次元の関係式として，

$$距離\ [\mathrm{m}] = [\![L]\!]$$

$$速度\ [\mathrm{m/s}] = [\![LT^{-1}]\!]$$

$$加速度\ [\mathrm{m/s^2}] = [\![LT^{-2}]\!]$$

となる．さらに，力学の範囲では，質量なる単位が必要である．質量の次元を $[\![M]\!]$ とすれば，力の単位はニュートン [N] であり，質量 1 kg の物体に 1 m/s^2 の加速度を生じさせるような力を 1 N とする．この次元は

$$力\ [\mathrm{N}] = [\![MLT^{-2}]\!]$$

であり，圧力の単位はパスカル [Pa] であり，1 N の力が面積 1 m^2 に加わった場合を 1 Pa とする．

$$圧力\ [\mathrm{Pa}] = [\mathrm{N/m^2}] = [\![ML^{-1}T^{-2}]\!]$$

である．仕事の単位はジュール [J] であり，ある質量に 1 N の力を及ぼしたときに 1m の距離を動かしたものとして定義される．

$$仕事\ [\mathrm{J}] = [\mathrm{N{\cdot}m}] = [\![ML^2T^{-2}]\!]$$

仕事率の単位はワット [W] であり，1 s の間にされた仕事であり，

$$仕事率\ [\mathrm{W}] = [\mathrm{J/s}] = [\![ML^2T^{-3}]\!]$$

である．

物理的な関係を表している等式においては，右辺と左辺は単に数値が等しいだけでなく，次元が等しくなければならない．つまり，[電圧] = [電流] や [電圧] = [抵抗] のような等式を作ってはならない．この節で述べたことは，物理的な現象を等式で記述する場合に非常に重要であり，常に考慮しなければならない．

以上述べたように電気の分野では基本的な単位として電流が用いられ，それから種々の関係式によって，誘導単位系が導かれている．これらをまとめて付録Aに示す．これらは長さや時間のような基本単位の組合わせで表現されているものと，固有の名称をもつものがある．以上に示した単位は必ずしも実用上は便利な大きさとなってはいない．そこでSIでは10の整数乗倍を表わす接頭語の組が用意されており，それらを用いて実用的な大きさの単位を自由に構成できるようになっている(付録B参照)．

演習問題1

1.1 家庭の中で，エネルギーとして電気が利用されているものについて，例をあげてみよ．

1.2 家庭において，マイクロプロセッサ(1個の半導体素子で，各種の計算，処理を行うことができる)を利用している機器はどのようなものがあるか．

1.3 日本におけるエネルギー需給と，その中に占める電気エネルギーについて調べよ．

1.4 世界にあるエネルギーの総量はどの程度と予想されるか．

1.5 世界の主要国の発電量について調べ，わが国の占める割合を考えよ．

1.6 $2\,l$ 入るやかんで，湯を沸す($100°C$にする)．現在の気温は$20°C$で，水の温度と平衡している．必要とするエネルギーを求めよ．電熱器で15分間に沸すものとすれば，何W電熱器が必要か．ただし，電熱器の効率は70%，水の平均比熱は$4.2\,J/g\cdot K$とする．

1.7 100 V，500 W の電熱器は，使用しているとき，何Aの電流が流れているか．また使用していない時には，この電熱器の抵抗の値はどのようになるか．

1.8 通常電池として知られているものについて調べよ．

1.9 2種類の異なった物質を互いに摩擦するとき，静電気が発生し，細かい粉末等を吸引する現象は誰もが経験するところである．静電気は発生量が大きいと，種々の障害を生ずる．災害の様子とその防止について調べよ．

1.10 高い電圧に触れると，感電し，非常に危険である．安全の限界について調べよ．

2 電気抵抗とオームの法則

　電気を表す基本的な量は，電圧と電流である．この章では，まず電気を流す媒体としての，導体（導線）の電気抵抗について述べる．この電圧と電流を理解するために，直流電源（電池）を用いて，その概要を理解する．

　電圧と電流の基本的な関係式が，オームの法則である．この法則を理解し，線形系の扱いに習熟することである．さらに，複雑に接続された電気回路の解析を行うために用いられる重要な法則として，キルヒホッフの法則がある．この法則を十分に理解し，回路の電圧と電流の分布を求める手法を体得する．多くの例題が示されているのでよく理解し，章末の問題を解くことによって，電気回路の解法に精通することを目的としている．

2.1　導体と絶縁体

　電気回路は，個々の機能をもった部品と電線の接続によって構成されるが，電線とは通常銅線であって，糸やゴムのひもで代用することはできない．このように電気をよく通す物質を**導体** (conductor) といい，ガラスなどのように電気を通さない物質を**絶縁体** (insulator) という．導体には銀，銅，金，アルミニウムのような金属，木炭，また酸，アルカリなどの水溶液があり，絶縁体には陶磁器，大理石，硫黄，油，雲母，ベークライト，ポリエチレン，空気などがある．

　電気の流れやすさは，体積抵抗率 (resistivity) ρ によって示される．図 2.1 のように一様な太さの材料を考えると，その**電気抵抗** $R\,[\Omega]$ は長さ $l\,[\mathrm{m}]$ に比例し，断面積 $S\,[\mathrm{m}^2]$ に反比例する．その比例定数 $\rho\,[\Omega\cdot\mathrm{m}]$ を**体積抵抗率**という．表 2.1 に代表的な導体の体積抵抗率を示す．

$$R = \frac{E}{I} = \rho\,\frac{l}{S} \quad [\Omega] \tag{2.1}$$

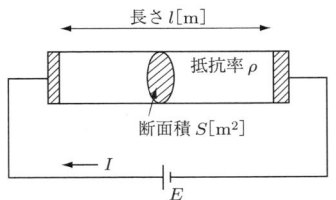

図 2.1 一様な太さの材料の抵抗

表 2.1 各種導体の体積抵抗率

金属名	体積抵抗率 ρ [$\Omega \cdot$m] (20°Cにおける値)	0°C～100°Cの間の平均温度係数 α_0 [/°C]
銀	1.62×10^{-8}	4.1×10^{-3}
銅	1.72	4.3
金	2.40	4.0
アルミニウム	2.75	4.2
タングステン	5.5	5.3
ニッケル	7.24	6.7
鉄	9.8	6.6
白金	10.6	3.9
錫	11.4	4.5
鉛	21	4.2
水銀	95.8	0.99

体積抵抗率 ρ は銀が最も低く，ついで銅，金，アルミニウムの順に大きくなるが，通常の電線は価格，加工のしやすさ等を考えて銅が用いられている．また，コネクタ等で過酷な雰囲気の中で用いられる場合には強度のある金属に金メッキが施されて使用されることもある．合金にすると抵抗率は大きくなり，ニクロムは 109×10^{-8}，真鍮は $5 \sim 7 \times 10^{-8}$，燐青銅は $2 \sim 6 \times 10^{-8}$ $\Omega \cdot$m である．

図 2.2 に導体から絶縁体までの体積抵抗率をまとめて示す．図の中間部分，導体と絶縁体の間に特異な物質である半導体 (semi-conductor) があり，これは不純物を混入することによって大幅に体積抵抗率が変化 ($10^0 \sim 10^5$ $\Omega \cdot$m 程度) する．これを用いて種々の半導体素子 (ダイオード，トランジスタなど) が作られている．

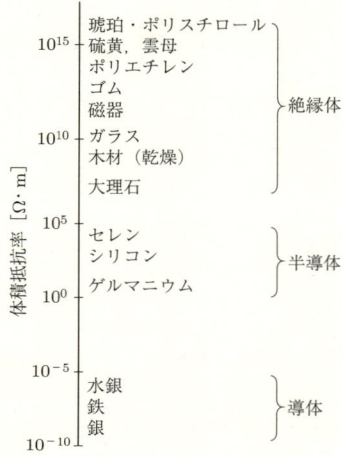

図 2.2 物質の体積抵抗率

例題 2.1

直径 2 mm の円形断面をもつ銅線が 1 km ある．20°C における抵抗を求めよ．ただし銅の 20°C における体積抵抗率は $\rho = 1.72 \times 10^{-8}$ Ω·m である．

解

$$R = 1.72 \times 10^{-8} \frac{1.0 \times 10^3}{\pi \times (1.0 \times 10^{-3})^2} = 5.47 \, \Omega$$

2.2 電気抵抗

電気回路における電流の流れにくさを表すのに**電気抵抗** (electric resistance) が用いられる．その単位は**オーム** [Ω] である．電気回路で用いる抵抗器 (resistor) は体積抵抗率の大きい導体を巻線として用いる場合，炭素を粘土に混入して焼結した抵抗器，あるいは絶縁体の芯の上に抵抗材料 (微結晶炭素，金属酸化物など) の薄い皮膜を付着させたもの，さらに小さなチップ抵抗などがある．これらの抵抗器の値は，でき上った製品を分類することによって得られる E6 標準値 (計容差 ±20%)，E12 標準値 (同 ±10%)，E24 標準値 (同 ±5%) などがあ

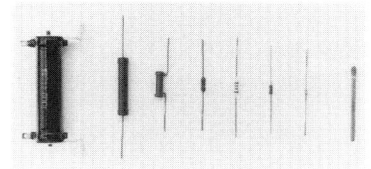

図 2.3 種々の抵抗器

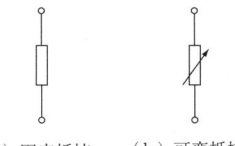

(a) 固定抵抗 (b) 可変抵抗

図 2.4 抵抗器のシンボル
(JIS C 0617-4 より)*

る (付録 C 参照). その抵抗値は，抵抗体の表面に文字あるいはカラーコードで示されている.

抵抗器のシンボルは図 2.4 に示すもので，図中の ○ は端子とよばれ，他の素子へ接続される点である.

導体の体積抵抗率は，温度が高いほど大きくなる性質を有し，金属導体では，$-20 \sim 200°C$ 程度までは温度が $1°C$ 上昇するときの抵抗増加分はほぼ $\alpha_0 = 1/273.2 \fallingdotseq 0.004/°C$ である．この**抵抗温度係数**の実測値を表 2.1 に示す．これより温度 $t\,°C$ における抵抗の値は

$$R_t = R_{20}\{1 + \alpha_0(t - 20)\} \quad [\Omega] \tag{2.2}$$

で示される．ただし R_{20} は $20°C$ における抵抗の値であり，R_t は $t\,°C$ における抵抗の値である．この性質を利用して温度の計測が行われている．これを**測温抵抗体**とよび，白金，ニッケルなどが用いられている．

例題 2.2

$20°C$ における体積抵抗率が $1.62 \times 10^{-8}\,\Omega\cdot m$ である銀の $100°C$ における抵抗はいくらか．ただし銀線の断面の直径は $2\,mm$ であって，長さは $10\,m$，平均温度係数 $\alpha_0 = 4.1 \times 10^{-3}/°C$ とする．

解

$$R_{20} = 1.62 \times 10^{-8} \times \frac{10}{\pi(1 \times 10^{-3})^2} = 0.0516\,\Omega$$

---

* IEC 60617-4 (第 2 版 1996) では，抵抗の図記号 ─\/\/\─ が廃止され，JIS 0617-4 (1997) もこれに従っている．しかし，本書では旧版 JIS C 0301 5 に従って，抵抗を ─\/\/\─ で表すことにした．

$$R_{100} = R_{20}\{1 + \alpha_0(100 - 20)\} = 0.0685 \ \Omega$$

また合金にすることによって，非常に温度係数の小さいもの (マンガニン，Cu：83〜86%，Mn：12〜15%，N：2〜4%など) を作ることができ，$\alpha_0 = -0.03 \sim +0.02 \times 10^{-3}/°C$ となり，標準抵抗材料として用いられている．

半導体では，温度が高いほど体積抵抗率は減少する．少しの温度変化に対しても体積抵抗率が著しく変化する材料 (サーミスタなど) もあり，微小温度変化の検出，測定に使用される．

例題 2.3

白金線の抵抗が室温 20°C で 0.200 Ω であった．温水に入れて温度計として使用したら，その抵抗は 0.239 Ω となった．この温水の温度を求めよ．白金の温度係数を 0.0039 とせよ．

解

T [°C] における抵抗 R の値は

$$R_T = R_{20}\{1 + \alpha_0(T - 20)\}$$

であるから

$$T = \frac{R_T - R_{20}}{\alpha_0 R_{20}} + 20 = \frac{0.239 - 0.200}{0.0039 \times 0.200} + 20 = 70°C$$

2.3 オームの法則

図 2.5 (a) のように起電力 E をもつ電源に抵抗 R を接続し，抵抗の端子電圧 V と流れる電流 I を測定する．起電力 E を変化させた結果，電圧計と電流計の指示値は図 2.5 (b) のようになる．

電圧計は内部抵抗が非常に高く，通常は電流が流れないと考えられ，一方電流計は内部抵抗が小さく，回路が短絡していると考えられる*．その結果，抵抗を流れる電流と端子電圧の間には，

$$\frac{V}{I} = \frac{0.5}{0.0005} = \frac{1}{0.001} = \cdots = \frac{3}{0.003} = 10^3 \quad (一定)$$

の関係がある．この比例定数を電気抵抗 R といい，単位はオーム [Ω] である．あきらかに電圧は電流に比例しており，

---

* 直流電圧計の内部抵抗は kΩ/V ≒ 1 程度であり，電流計は 100 mA 以上のレンジでは 1 Ω 以下，1 mA 以下のレンジでは 100〜1000 Ω 程度である．

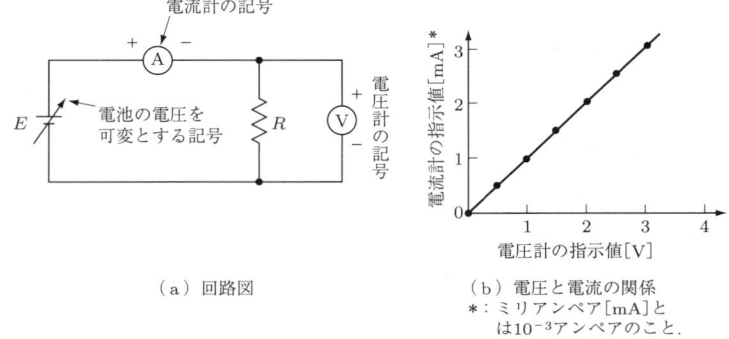

図 2.5 オームの法則の実験

$$V = RI \tag{2.3}$$

となる．この関係を**オームの法則** (Ohm's law) という．端子電圧 (これを逆起電力ともいう) は，抵抗を流れる電流に比例しており，電圧が一定であれば，電流は抵抗に反比例する．

このオームの法則は，電気回路の解析のための最も基礎となる法則である．ここで電流計および電圧計の接続の方向に注意しておこう．＋側が電位の高い端子である．

抵抗の値が 0 のことを短絡といい，∞ のことを開放という．

例題 2.4

ある抵抗体に 100 V の電圧を印加したところ 25 mA の電流が流れた．この抵抗体は何 Ω か．またこの抵抗体に 2 kV を印加すれば，何 A の電流が流れるか．

解

オームの法則より
$$V = RI$$
であるから
$$R = \frac{V}{I} = \frac{100}{25 \times 10^{-3}} = 4000\,\Omega = 4\,\mathrm{k}\Omega$$
次に，加えた電圧が 2 kV であれば

$$I = \frac{V}{R} = \frac{2 \times 10^3}{4 \times 10^3} = 0.5\,\mathrm{A} = 500\,\mathrm{mA}$$

である．

2.4 抵抗の接続

抵抗が1個の場合にはその抵抗を流れる電流の大きさは，オームの法則からただちに計算することができる．抵抗がいくつか接続された場合においても，個々の抵抗に注目すれば，その抵抗に加わる電圧と流れる電流の間には必ずオームの法則が成立する．この考え方を利用すれば，複雑な回路も簡単にまとめて計算することができる．

複雑な抵抗の接続の中から基本的な接続を取出して考えると，一つは直列接続とよばれる方法で，図 2.6 (a) に示すものである．抵抗を流れる電流を I と仮定すれば，抵抗 R_1 にも R_2 にも同じ電流が流れ，それぞれの抵抗の端子電圧は

$$\left.\begin{array}{l} V_1 = R_1 I \\ V_2 = R_2 I \end{array}\right\} \tag{2.4}$$

となる．回路に加えた電圧 E と個々の抵抗の**逆起電力** (または**電圧降下**ともいう) の和はつり合い

$$E = V_1 + V_2 \tag{2.5}$$

となる (電圧の正の側を矢印の先と定める．二つの電圧は矢印の向きより考えて，加え合うことになる)．その結果

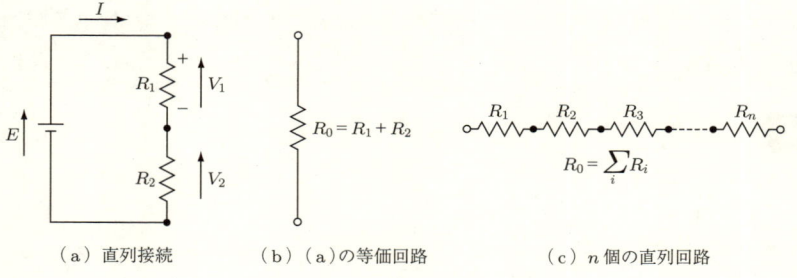

（a）直列接続　　（b）(a)の等価回路　　（c）n 個の直列回路

図 2.6　抵抗の直列接続

$$E = (R_1 + R_2)I \tag{2.6}$$

$$\therefore \quad I = \frac{E}{R_1 + R_2} \tag{2.7}$$

となる．これは回路全体が

$$R_0 = R_1 + R_2 \tag{2.8}$$

なる抵抗と考えた場合に対するオームの法則とも考えることができ，この R_0 を**合成抵抗**という．この結果，図 2.6 (a) の抵抗の等価回路は同図 (b) で示される．

さらに抵抗 n 個が直列に接続されている場合には，同様の手法によって合成抵抗 R_0 は

$$R_0 = R_1 + R_2 + \cdots + R_n = \sum_{i=1}^{n} R_i \tag{2.9}$$

となる．

他の基本的な接続方法として，**並列接続**とよばれるものがあり，図 2.7 に示す．この回路には，抵抗 R_1 にも R_2 にも電源電圧 E が加わっており，

$$E = V_1 = V_2$$

が成立している．一方各抵抗ではオームの法則により，

$$V_1 = R_1 I_1$$
$$V_2 = R_2 I_2$$

となり，回路全体を流れる全電流は

$$I = I_1 + I_2$$

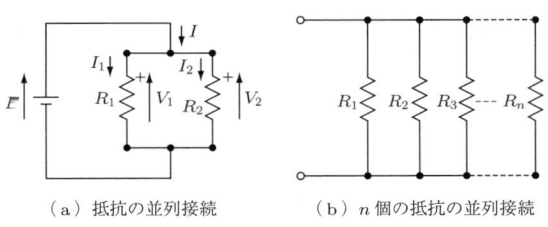

（a）抵抗の並列接続　　（b）n 個の抵抗の並列接続

図 **2.7** 抵抗の並列接続

となる．これらの式をまとめて

$$I = I_1 + I_2 = \frac{V_1}{R_1} + \frac{V_2}{R_2} = \left(\frac{1}{R_1} + \frac{1}{R_2}\right)E \tag{2.10}$$

となるので，回路全体を

$$\frac{1}{R_0} = \frac{1}{R_1} + \frac{1}{R_2} \tag{2.11}$$

で表わされる抵抗で置きかえればよく，この R_0 を**合成抵抗**という．一般に n 個の抵抗が並列に接続されていれば，合成抵抗は

$$\frac{1}{R_0} = \frac{1}{R_1} + \frac{1}{R_2} + \cdots + \frac{1}{R_n} = \sum_{i=1}^{n} \frac{1}{R_i} \tag{2.12}$$

である．

例題 2.5

$R_1 = 2\,\Omega$, $R_2 = 3\,\Omega$ を並列に接続した．外部から $E = 6\,\text{V}$ の電圧を加えたとき，各抵抗を流れる電流および全部の電流と，全消費電力を求めよ．また合成抵抗を求めよ．

解

オームの法則により $E = RI$ であるから

$$I_1 = \frac{E}{R_1} = \frac{6}{2} = 3\,\text{A}, \quad I_2 = \frac{E}{R_2} = \frac{6}{3} = 2\,\text{A}$$

よって，全電流は

$$I = I_1 + I_2 = 5\,\text{A}$$

$$P = I_1^2 R_1 + I_2^2 R_2 = 3^2 \times 2 + 2^2 \times 3 = 30\,\text{W}$$

合成抵抗は

$$R_0 = \frac{E}{I} = \frac{6}{5} = 1.2\,[\Omega]$$

あるいは

$$\frac{1}{R_0} = \frac{1}{R_1} + \frac{1}{R_2} = \frac{1}{2} + \frac{1}{3} = \frac{5}{6} \quad \therefore \quad R_0 = \frac{6}{5}\,[\Omega]$$

2.5 電池の接続

電池は起電力 E をもち，内部抵抗が 0 である理想的な場合を考えてきた．この場合には，外部に接続された抵抗が小さくなれば，$I = E/R$ で示されるようにいくらでも大きい電流を流すことができる．

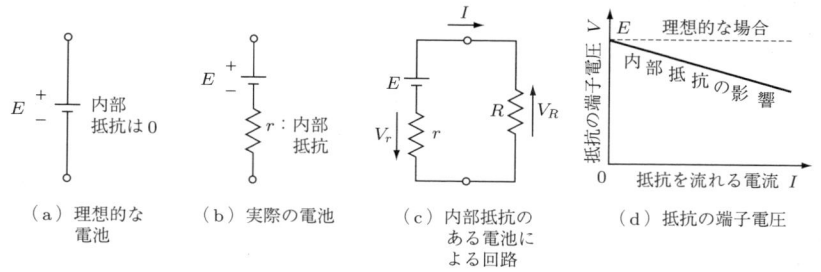

図 2.8　電池の等価回路

しかし，現実には電池は**内部抵抗** r を有し，その等価回路を図 2.8 (b) のように書くことができる．

この場合には，外部抵抗 R を接続し，その端子電圧を求めると

$$V_R = E - Ir \tag{2.13}$$

となって，起電力すべてが負荷の端子電圧とはならない．

起電力 E，内部抵抗 r の等しい電池を n 個直列に接続すれば，起電力が nE で，内部抵抗は nr の単一の電池と同じ働きをする．また，同様な電池を並列に接続すれば，起電力は E で，内部抵抗は r/n となる．なお，起電力の異なる電池は並列に接続してはいけない (その理由は各自で考えよ)．

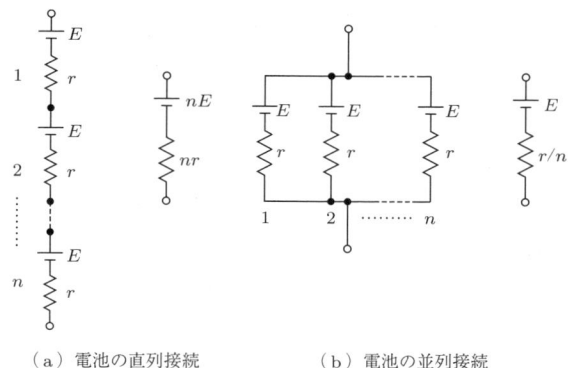

図 2.9　電池の接続

例題 2.6

2 V の起電力を有する電池に 0.6 Ω の抵抗を接続したところ，端子電圧が 1.5 V に低下した．端子を短絡したとすれば，何 A の電流が流れるか．

⚠ このような実験を行うと，非常に大きな電流が流れるので，この実験は行ってはいけない．

解

電池の内部抵抗を r [Ω] とすれば，外部抵抗を R として，回路を流れる電流は
$$I = \frac{E}{r+R} \quad [\text{A}]$$
であって，抵抗 R の端子電圧は
$$V_R = RI = \frac{ER}{r+R} \quad [\text{V}]$$
より内部抵抗は
$$\therefore \quad r = \frac{(E-V_R)R}{V_R} = \frac{0.5 \times 0.6}{1.5} = 0.2 \; \Omega$$
あるいは
$$V_R = E - rI = E - \frac{rR}{r+R} = \frac{ER}{r+R}$$
と求められる．よって，短絡時に流れる電流は
$$I_0 = \frac{E}{r} = \frac{2}{0.2} = 10 \; \text{A}$$

2.6 キルヒホップの法則

回路が 1 個の抵抗と 1 個の電源から構成されている場合には，オームの法則により回路のすべての状態を記述できるが，多くの抵抗や電源を含む場合には，抵抗の直列および並列の取扱いにより解ける場合もあるが，一般にはこの方法だけで回路を解く (すべての状態を記述する) ことはできない．抵抗や電源が網の目のように接続された回路網 (circuit) を解くには，電気回路の一般的な性質に着目した**キルヒホップの法則** (Kirchhoff's law) が用いられる．

第 1 法則：電気回路においては，回路を流れている電流が途中で外部へ消え去ったり，また急に外部から入り込んでくることはなく，回路網の任意の 1 点または一つの回路網に流入した電流は，すべてこの点から流出しなければならない．これは次のようにまとめられる．「回路網の任意の接続点 (junction) または回路網に入出する電流 $I_1, I_2, \cdots, I_n$ (流入，流出のどちらかを正とし他方

$$\sum_i I_i = I_1 - I_2 + I_3 + I_4 - I_5 = 0$$

（a）節点に流入する電流

$$\sum_i I_i = 0$$

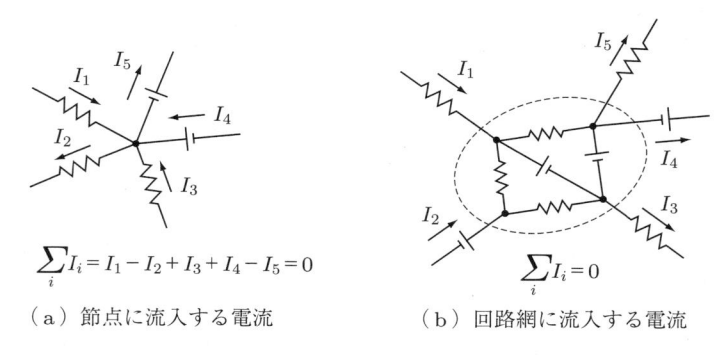

（b）回路網に流入する電流

図 2.10　キルヒホップの第1法則の説明

を負とする) の代数和は 0 となる.」

$$\sum_i I_i = 0 \tag{2.14}$$

第2法則：「回路網の中の一つの閉回路において，一巡する起電力の総和と抵抗による電圧降下 (逆起電力) の総和は等しい.」ただし，閉回路をたどる方向と同じ方向の電流を流す起電力および同じ方向に流れる電流による電圧降下は正とし，反対方向のものは負とする.

$$\sum_i E_i = \sum_j V_j = \sum_j I_j R_j \tag{2.15}$$

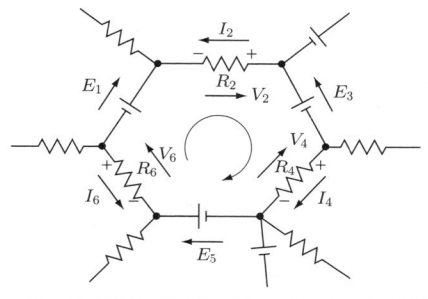

$$E_1 - E_3 + E_5 = -V_2 + V_4 - V_6 = -I_2 R_2 + I_4 R_4 - I_6 R_6$$

図 2.11　キルヒホップの第2法則の説明

例題 2.7

図 2.12 の回路において各枝の電流を求めよ．

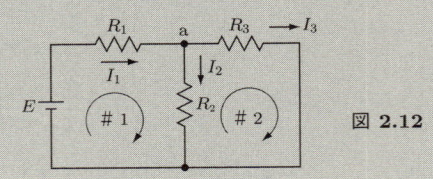

図 2.12

解

各枝の電流を $I_i\ (i=1,2,3)$ とすると，a 点においてキルヒホッフの第 1 法則を適用すると，電流の向きに注目して
$$I_1 - I_2 - I_3 = 0$$
また閉路#1，2 にそれぞれキルヒホッフの第 2 法則を適用し，方向を考えて
$$E = R_1 I_1 + R_2 I_2$$
$$0 = -R_2 I_2 + R_3 I_3$$
となる．これを解くのに，行列を用いて表現すれば，

$$\begin{bmatrix} R_1 & R_2 & 0 \\ 0 & -R_2 & R_3 \\ 1 & -1 & -1 \end{bmatrix} \begin{bmatrix} I_1 \\ I_2 \\ I_3 \end{bmatrix} = \begin{bmatrix} E \\ 0 \\ 0 \end{bmatrix}$$

$$\begin{bmatrix} I_1 \\ I_2 \\ I_3 \end{bmatrix} = \begin{bmatrix} R_1 & R_2 & 0 \\ 0 & -R_2 & R_3 \\ 1 & -1 & -1 \end{bmatrix}^{-1} \begin{bmatrix} E \\ 0 \\ 0 \end{bmatrix} = \frac{1}{\Delta} \begin{bmatrix} (R_2+R_3)E \\ R_3 E \\ R_2 E \end{bmatrix}$$

$$\Delta = R_1 R_2 + R_2 R_3 + R_3 R_1$$

と求められる．

例題 2.8

図 2.13 に示す回路は枝電流を未知数とすれば，何個の未知数が必要か．

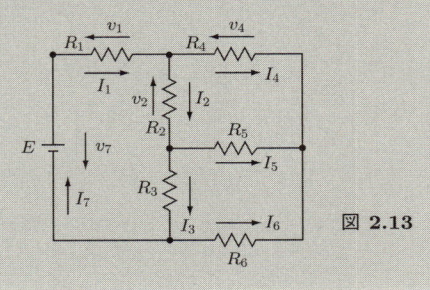

図 2.13

解

図の回路において，**枝路の数** b は 7 個ある．また接続点 n は 5 個である．閉路が一つも存在せず，すべての**接続点**を通るような枝路のとり方をすると，この時の枝路数 t は 4 個である．これを**樹**という．残りの枝路 l は 3 個である．これを**連結枝**という．連結枝 1 個を樹に接続するごとに**閉路**が一つ生ずる．つまり電流が流れることになり，l が必要とされる電流の未知数の数である．ここでこれらの枝と接続点の間には

$$t = n - 1, \qquad b = t + l$$

の関係がある．未知数としての枝路電流は 3 個であり，図の場合には

$$I_1, I_2, I_3$$

を未知数とすればよい．つまり，

$$I_4 = I_1 - I_2$$
$$I_5 = I_2 - I_3$$
$$I_6 = I_3 - I_1$$

📖 STUDY

連立 1 次次方程式と行列

電気回路を解くことは，すべての枝の電圧と電流を求めることである．これは例題 2.7 に示したように多くの未知数を求めることになる．この場合の解法を一般的に述べる．

2 個の未知数 x, y をもつ連立 1 次方程式

$$\left.\begin{array}{l} ax + by = c \\ dx + ey = f \end{array}\right\} \tag{1}$$

を考えよう．（ただし a, b, c, d, e, f は定数で，$ae - bd \neq 0$ とする）．この方程式の解は容易に求められる．

$$x = \frac{ce - bf}{ae - bd}, \qquad y = \frac{fa - cd}{ae - bd} \tag{2}$$

幾何学的には，方程式の解 (2) は (1) で表される 2 直線の交点 (x, y) の座標と見ることもできる．$ae - bd = 0$ の場合には 2 直線は勾配が等しく，互いに平行となるので交点つまり解が存在しないことに注意しよう．

上式を行列表示すれば，

$$\left.\begin{array}{l} ax + by = c \\ dx + ey = f \end{array}\right\} \Leftrightarrow \begin{bmatrix} ax + by \\ dx + ey \end{bmatrix} = \begin{bmatrix} c \\ f \end{bmatrix} \Leftrightarrow \begin{bmatrix} a & b \\ d & e \end{bmatrix} \begin{bmatrix} x \\ y \end{bmatrix} = \begin{bmatrix} c \\ f \end{bmatrix} \tag{3}$$

これを x, y について解くには，

$$\begin{bmatrix} x \\ y \end{bmatrix} = \begin{bmatrix} a & b \\ d & e \end{bmatrix}^{-1} \begin{bmatrix} c \\ f \end{bmatrix} \tag{4}$$

のように変形すればよい．ここで，$^{-1}$ は逆行列を示す．よって，

$$\begin{bmatrix} x \\ y \end{bmatrix} = \frac{1}{ae-bd} \begin{bmatrix} e & -b \\ -d & a \end{bmatrix} \begin{bmatrix} c \\ f \end{bmatrix} = \frac{1}{ae-bd} \begin{bmatrix} ce-bf \\ af-cd \end{bmatrix} \tag{5}$$

と求められる．これは式 (2) の解を行列表記したものである．

[例] 次の連立方程式①，②を行列により解く．

$$\left. \begin{array}{l} x + 2y = 8 \\ 2x + y = 7 \end{array} \right\} \text{①} \qquad \left. \begin{array}{l} 3x + 4y = 11 \\ 6x + 8y = 30 \end{array} \right\} \text{②}$$

①は係数の値を (4), (5) に代入して

$$\begin{bmatrix} x \\ y \end{bmatrix} = \begin{bmatrix} 1 & 2 \\ 2 & 1 \end{bmatrix}^{-1} \begin{bmatrix} 8 \\ 7 \end{bmatrix} = \frac{1}{-3} \begin{bmatrix} 8-14 \\ -16+7 \end{bmatrix} = \frac{1}{-3} \begin{bmatrix} -6 \\ -9 \end{bmatrix} = \begin{bmatrix} 2 \\ 3 \end{bmatrix}$$

②は，$ae - bd = 3 \times 8 - 4 \times 6 = 0$ だから解をもたない．なお，$ae - bd$ の値を，行列 $\begin{bmatrix} a & b \\ d & e \end{bmatrix}$ の行列式 (determinant) といい $\begin{vmatrix} a & b \\ d & e \end{vmatrix}$ と表す．

2.7 重ねの定理

電気回路の問題は，オームの法則，キルヒホッフの法則を適用することによって必ず解くことができるが，解き方を簡単にするためのいくつかの定理がある．

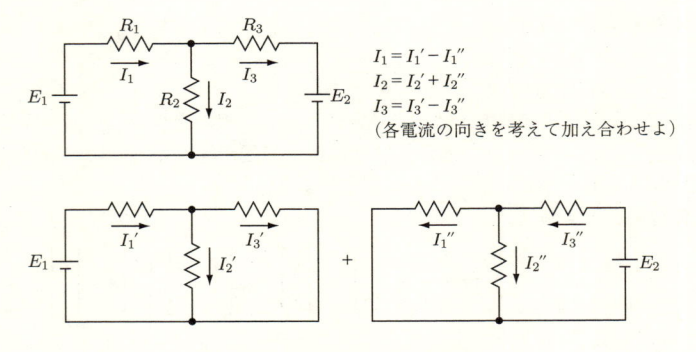

$I_1 = I_1' - I_1''$
$I_2 = I_2' + I_2''$
$I_3 = I_3' - I_3''$
（各電流の向きを考えて加え合わせよ）

図 2.14 重ねの定理の説明

回路の中にいくつかの電圧源がある場合に，この回路の任意の枝 (branch) を流れる電流は，各起電力を単独に1個ずつ存在するものとして他の電源の起電力を0とし，その電圧源の存在する場所を短絡して電流を求め，それらの電流の和として求められる．これを**重ねの定理** (principle of superposition) という．

　電源が電流源の場合には，その電流を0とし，その枝を開放として重ね合わせる (電流源の内部インピーダンスは ∞ と考えている)．

2.8　テブナンの定理

　1組の開放端子を持つ回路網が，内部にいくつかの電源と抵抗を含む場合に，これを等価な1個の起電力と1個の抵抗で置きかえることができる．ただし，この**等価起電力** E_{eq} は，開放されている端子間に何も接続しない場合にこの間に現れる電圧 V (開放端起電力) で，**等価抵抗** R_{eq} は回路の中のすべての起電力を短絡して0とした場合のこの端子からみた抵抗である．これを**テブナンの定理** (Thévenin's theorem) という．

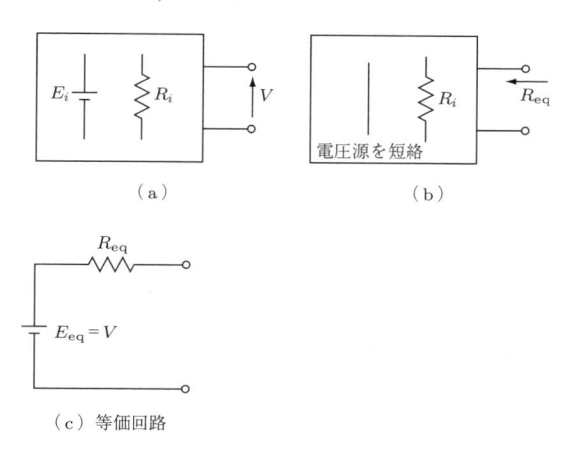

図 2.15　テブナンの定理の説明

例題 2.9

　図 2.16 の回路において，スイッチ S を閉じたときに，抵抗 R_0 を流れる電流を求めよ．

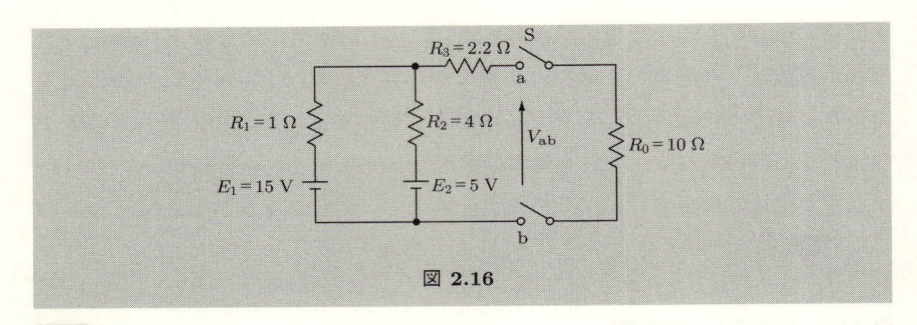

図 2.16

解

スイッチ S を開いているときには，閉路を流れる電流は
$$I_0 = \frac{E_1 - E_2}{R_1 + R_2} = \frac{15 - 5}{1 + 4} = 2 \text{ A}$$
となる．したがって，ab の端子電圧は
$$V_{ab} = E_1 - R_1 I_0 = E_2 + R_2 I_0 = 15 - 1 \times 2 = 13 \text{ V}$$
一方，端子 ab から見た回路の合成抵抗は，電圧源の内部インピーダンスは 0 であるから
$$R_{ab} = \frac{R_1 R_2}{R_1 + R_2} + R_3 = \frac{1 \times 4}{1 + 4} + 2.2 = 3 \text{ Ω}$$
したがって，スイッチ S を閉じたとき，R_0 を流れる電流は
$$I = \frac{V_{ab}}{R_{ab} + R_0} = \frac{13}{3 + 10} = 1 \text{ A}$$

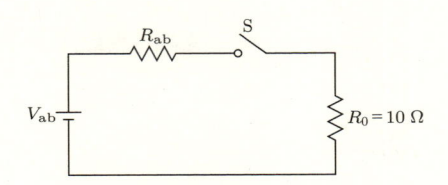

図 **2.17** 図 2.16 の等価回路

2.9 電力とジュール熱

電気は電熱器では熱として，電球では発熱を利用した光として利用されているが，この電気の仕事の能率，つまり単位時間にする仕事を**電力** (electric power) という．単位は**ワット** [W] を用いる．

電熱器のニクロム線に電流が流れると消費される電力 (熱へと変換される) は，次のように求められる．電流 I [A] が抵抗 R [Ω] の導体を流れると消費さ

れる**電力**は
$$P = I^2R = VI = \frac{V^2}{R} \quad [\text{W}] \tag{2.16}$$
である．この電力がある時間 T [s] にする仕事の量を**電力量** (electric energy) といい，
$$W = \int_0^T p(t)\,dt = PT = VIT \quad [\text{W·s}] \text{ または } [\text{J}] \quad \text{ただし } p(t) = P \tag{2.17}$$
で表される．電力量は実用的にはワット時 [Wh] やキロワット時 [kWh] が単位として用いられる．

このようにして抵抗で消費された電力は，**ジュール熱** (Joule's heat) として熱に変換される (図 2.18)．時間 T [s] に発生する熱量 H [cal] は
$$H = \frac{W}{4.185} = \frac{I^2RT}{4.185} \quad [\text{cal}] \tag{2.18}$$
ただし，式 (2.17) より，
$$W = VIT = (IR)IT = I^2RT \quad [\text{Ws}] \tag{2.19}$$
である．

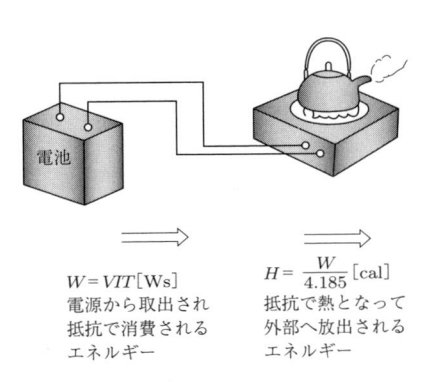

図 **2.18** 電力とジュール熱

演習問題 2

2.1 抵抗 $R_1 = 2\ \Omega$ と抵抗 $R_2 = 3\ \Omega$ を直列に接続した．この回路に内部抵抗のない電圧源 $E = 10\ \mathrm{V}$ を接続した．回路を流れる電流を求め，各抵抗の端子電圧を求めよ．

2.2 起電力が $E = 12\ \mathrm{V}$ で内部抵抗 $R_0 = 1\ \Omega$ の直流電源がある．この電源の端子に $R = 5\ \Omega$ の抵抗を接続した．抵抗を流れる電流と抵抗の端子電圧を求めよ．また，$5\ \Omega$ の負荷抵抗をはずしたとき，電源の端子電圧はいくらになるか．

2.3 内部抵抗を持つ電源に抵抗を接続した．負荷抵抗が $3\ \Omega$ の時は端子電圧が $9\ \mathrm{V}$，$4\ \Omega$ の時は $9.6\ \Omega$，$5\ \Omega$ の時は $10\ \mathrm{V}$ であった．この電源の起電力と内部抵抗を求めよ．

2.4 起電力が $12\ \mathrm{V}$ で内部抵抗 $R_0 = 1\ \Omega$ の直流電源がある．この電源に抵抗 R を接続した．この抵抗 R で消費される電力を求めよ．この抵抗の値が $R = 0.5\ \Omega$，$1\ \Omega$，$2\ \Omega$，$3\ \Omega$ と変化したときの電力を求めよ．

2.5 上記問題で，抵抗 R で消費される電力が最大となる抵抗 R を求めよ．

2.6 上記問題で抵抗 $R = 0\ \Omega$，$\infty\ \Omega$ の時の消費電力を求めよ．

2.7 抵抗 R と R_0 を直列に接続した．この直列回路に加わる電圧が V である．抵抗 R_0 の端子電圧が V/n となるためには，抵抗 R と R_0 にどのような関係があれば良いか．

2.8 抵抗 $R_1 = 3\ \Omega$ と $R_2 = 6\ \Omega$ が並列に接続された．合成抵抗を求めよ．

2.9 $10\ \Omega$ の抵抗だけしか在庫していない．$12\ \Omega$ の抵抗が必要である．どのように接続すればよいか．

2.10 図 2.19 のように，抵抗 $R_1 = 1\ \Omega$ と $R_2 = 3\ \Omega$ を直列に接続し，さらに，$R_3 = 2\ \Omega$ と $R_4 = 4\ \Omega$ を直列に接続した．この回路を並列に接続すると合成抵抗はいくらか．

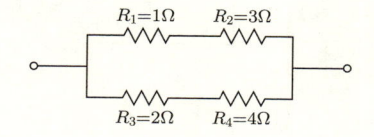

図 2.19

2.11 直径 $1.2\ \mathrm{mm}$ の電線の抵抗が $1\ \mathrm{km}$ で $16\ \Omega$ であった．この電線の体積抵抗率を求めよ．またこの電線の材料は銅に比べて，導電率は何％となっているか―(導電度 κ は体積抵抗率の逆数で表され，銅を基準として，導電率としてもちいられることがある)．

2.12 アルミニウム線を用いて，銅線と同じ抵抗とするのには，アルミニウム線の半径は銅線の何倍を必要とするか．ただし，同じ長さとする．

2.13 $1\ \mathrm{kW}$ の電熱器が断線したので，修理をしたところ，線の長さが 20％減少した．

電熱線のワット数による体積抵抗率の温度変化は小さいものとして，ワット数を求めよ．

2.14 ニッケル線の抵抗は 0°C において 30.0 Ω，100°C において 53.1 Ω であった．このニッケル線の 0〜100°C 間の平均温度係数 α_0 を求めよ．

2.15 温度 0°C における抵抗がそれぞれ R_{01}，R_{02} で温度係数が α_{01}，α_{02} の 2 個の抵抗を直列に接続した場合の合成抵抗，および温度係数を求めよ．

2.16 図 2.20 の回路の合成抵抗を求めよ．

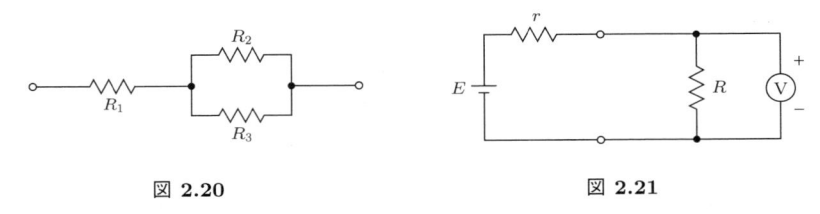

図 2.20

図 2.21

2.17 図 2.21 の回路において，電圧計の指示値が 1.0 V であった．電源 E の起電力を求めよ．ただし電源の内部抵抗は $r = 0.5R$ の関係にあり，電圧計の内部インピーダンスは十分に大きいものとする．

2.18 起電力 E [V]，内部抵抗 r [Ω] の電源がある．これに抵抗負荷 R [Ω] を接続した．負荷 R で消費される電力を最大にするには R の値をどのようにすればよいか．またその時の消費電力を求めよ．

2.19 図 2.22 の回路において，電流計 A に流れる電流を求めよ．また，電流計に電流の流れない条件はどのようなものか．

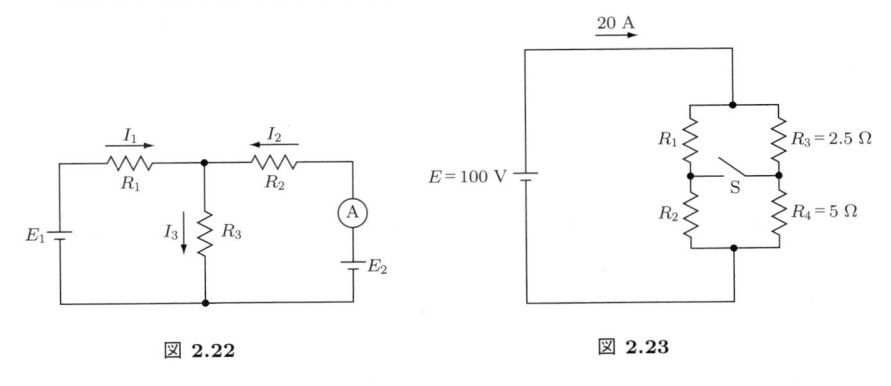

図 2.22

図 2.23

2.20 図 2.23 の回路において，スイッチ S を開閉しても，回路に流入する電流は 20 A で一定である．抵抗 R_1，R_2 の値を求めよ．ただし，$R_3 = 2.5$ [Ω]，$R_4 = 5$ [Ω] である．印加電圧は 100 V とする．

2.21 前問の回路において，スイッチ S を閉じてもスイッチに電流の流れない条件より抵抗 R_1 の値を求めよ．ただし，$R_2 = 10$ [Ω]，$R_3 = 5$ [Ω]，$R_4 = 25$ [Ω] とする．

…
3 交流回路

　電気回路の電源としては，ほとんどの場合に交流（正弦波電圧）が用いられる．つまり，電気回路の問題は，正弦波駆動に対する応答を求めることと考えて過言でない．
　そこで，まず正弦波の表現方法を学ぶ．正弦波が実効値として表現される理由を学び，正弦波交流電圧の電力の考え方を理解する．さらに，瞬時値と実効値の表現方法を学ぶ．その結果を用いて，基本的な回路素子（抵抗，インダクタンス，コンデンサ）に対する応答電流を求める．同時にインピーダンスの概念を習得する．

3.1 正弦波交流

　電気エネルギーは，あらゆる分野において利用されているが，この電気は大別すると直流と交流に分けることができる．多くの電気機器はそれらの特徴を生かして用いている．
　われわれの家庭において，電力会社から供給される電気は，これまでに述べてきた**直流** (direct current.DC) ではなく，電流の方向が時間的に変化する**交流**あるいは**交番電流** (alternating current.AC) といわれるものである．電流の波形は図 3.1 に示すように分類することができるが，以下の章では主として**正弦波交流**のみを扱うこととする．この関係を系統立てているのが交流理論といわれるものである．
　図 3.2 は正弦波電圧を示している．時間とともに電圧の振幅が正弦的に変化するものであって，電圧 $v(t)$ は

$$v(t) = V_\mathrm{m} \sin(\omega t - \theta) \quad [\mathrm{V}] \tag{3.1}$$

と表わされる．$v(t)$ は任意の時刻 t の電圧を示し，**瞬時値** (instantaneous value)

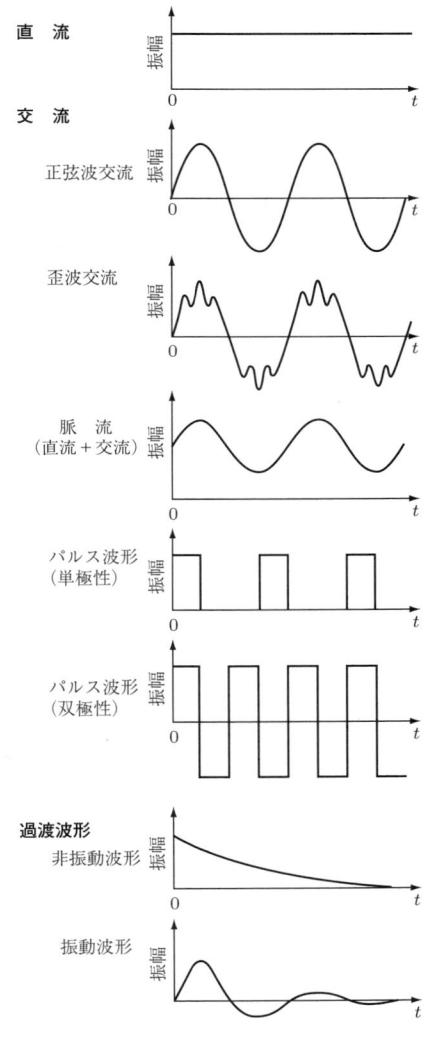

図 3.1 いろいろな波形

とよぶ．V_m に電圧の**最大値** (maximum value あるいは amplitude) である．波形の繰り返す時間を**周期** (period) という．図 3.2 より明らかなように $\omega T = 2\pi$ であるから，これより

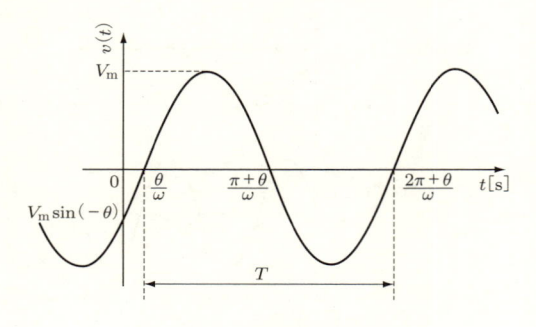

図 3.2 正弦波電圧波形

$$\omega = \frac{2\pi}{T} \quad [\text{rad/s}] \tag{3.2}$$

となり，これを**角周波数** (angular frequency) という．また単位時間に同一波形を繰り返す数を**周波数** (frequency) といい，

$$f = \frac{1}{T} = \frac{\omega}{2\pi} \quad [\text{Hz}] \tag{3.3}$$

で表される．この単位はヘルツ [Hz] である．

各家庭に配電されている電源の周波数は，東日本 (富士川より東) では，50 Hz，西日本では 60 Hz である．この程度の周波数を一般に商用周波数という．音声の周波数は 50〜5000 Hz 程度の範囲であり，耳に聴こえる音の上限は 15000〜20000 Hz 程度である．これを可聴周波数という．中波の放送 (一般にラジオといわれている) の周波数は 535〜1605 kHz，FM 放送は 76〜90 MHz，TV 放送は 470〜710 MHz である．電子レンジに用いられている周波数は 2450 MHz となっている．放送衛星で用いている周波数は 12 GHz 帯が用いられている．携帯電話は 700〜2500 MHz である．(kHz, MHz, GHz については付録 B 参照)

例題 3.1

図 3.3 の正弦波電圧の瞬時値を表す式を求めよ．電圧の最大値 V_m，ピーク・ピーク値 V_pp，周波数 f，角周波数 ω，周期 T，**初期位相** θ を示せ．

図 3.3

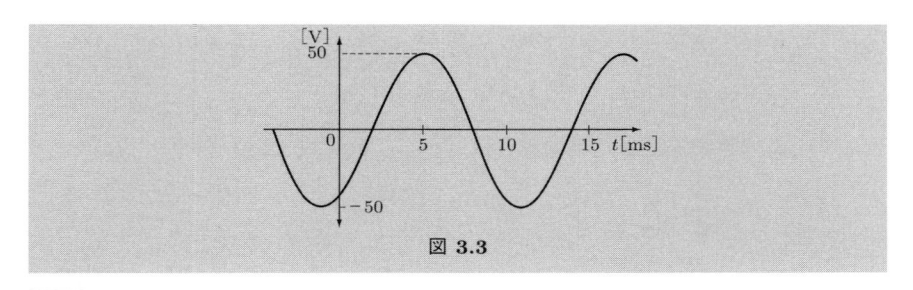

解

電圧の最大値	$V_m = 50$ V
ピーク・ピーク値	$V_{pp} = 100$ V
周期	$T = 12$ ms
周波数	$f = 1/T = 83.3$ Hz
角周波数	$\omega = 2\pi f = 524$ rad/s
初期位相	$\theta = \omega T_0 = 524 \times 2 \times 10^{-3} = 1.05$ rad
電圧波形	$v(t) = 50\sin(524t - 1.05)$ V

3.2 実効値

われわれの家庭には式 (3.1) で示す正弦波の電圧が来ているが，コンセントの電圧 100 V とは，何を示しているのか考えよう．電気を利用し，電力会社に支払う料金は使用した電力に対してである．この電力に関する電圧の値は最大値ではなく，**実効値** (effective value または root mean square value, r.m.s.) で示される．

直流回路では抵抗 R に供給される電力は

$$P = EI = E^2/R = I^2 R \quad [\text{W}] \tag{3.4}$$

で表されるが，交流においては

$$e(t) = E_m \sin(\omega t - \theta) \quad [\text{V}] \tag{3.5}$$

なる電圧が抵抗 R に印加されると，抵抗を流れる電流 $i(t)$ は

$$i(t) = I_m \sin(\omega t - \theta) \quad [\text{A}] \tag{3.6}$$

$$I_m = E_m/R \tag{3.7}$$

となり，抵抗で消費される瞬時電力 $p(t)$ は

$$p(t) = e(t)i(t) = E_\mathrm{m} I_\mathrm{m} \sin^2(\omega t - \theta) \tag{3.8}$$

となり，時間平均をとった平均電力は

$$P = \frac{1}{T} \int_0^T p(t)dt \qquad \left(T = \frac{2\pi}{\omega}\right) \tag{3.9}$$

$$= \frac{\omega}{2\pi} \int_0^{\frac{2\pi}{\omega}} E_\mathrm{m} I_\mathrm{m} \sin^2(\omega t - \theta) dt \tag{3.10}$$

$$= \frac{E_\mathrm{m} I_\mathrm{m}}{2} \quad [\mathrm{W}] \tag{3.11}$$

となり，

$$E_\mathrm{eff} = \frac{E_\mathrm{m}}{\sqrt{2}}, \qquad I_\mathrm{eff} = \frac{I_\mathrm{m}}{\sqrt{2}} \tag{3.12}$$

とおくことにより，直流と等価な扱いをすることができる．このような E_eff，I_eff を電圧，電流の実効値とよび，特にまぎらわしくない場合には E，I と記述する．交流で使用する電圧計，電流計は一般的に実効値で目盛られている．

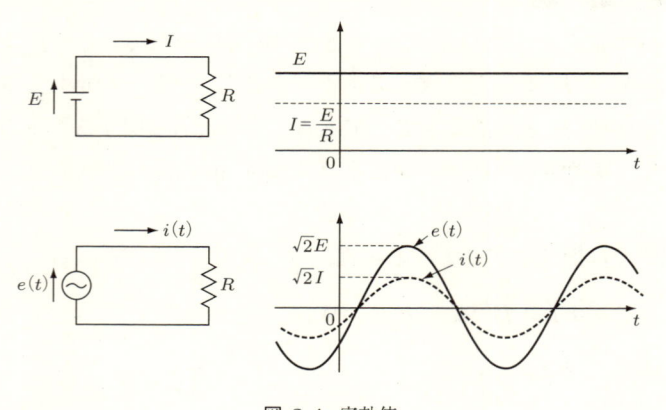

図 **3.4** 実効値

例題 3.2

例題 3.1 の電圧波形において，実効値 V_eff，平均値 (mean value) V_mean，波形率 (form factor)，波高率 (crest factor) を求めよ．

解

実効値の定義式は

$$V_{\text{eff}} = \sqrt{\frac{1}{T}\int_0^T v^2(t)dt}$$

であるから，$T_0 = 2 \times 10^{-3}$ s, $T = 12 \times 10^{-3}$ s として

$$\begin{aligned}
V_{\text{eff}} &= \sqrt{\frac{1}{T}\int_{T_0}^{T_0+T} 50^2 \sin^2(524t - 1.05)dt} \\
&= \sqrt{\frac{1}{T}\int_{T_0}^{T_0+T} \frac{50^2}{2}\{1 - \cos 2(524t - 1.05)\}dt} \\
&= \frac{50}{\sqrt{2}} = 35.4 \text{ V}
\end{aligned}$$

$$\begin{aligned}
V_{\text{mean}} &= \frac{1}{T/2}\int_{T_0}^{T_0+\frac{T}{2}} 50 \sin(524t - 1.05)dt \\
&= \frac{2}{\pi} 50 = 31.8 \text{ V}
\end{aligned}$$

$$\text{波形率} = \frac{\text{実効値}}{\text{平均値}} = \frac{50/\sqrt{2}}{2 \times 50/\pi} = \frac{\pi}{2\sqrt{2}} = 1.11$$

$$\text{波高率} = \frac{\text{最大値}}{\text{実効値}} = \frac{50}{50/\sqrt{2}} = \sqrt{2} = 1.41$$

3.3 交流で用いられる回路素子とインピーダンス

直流の電流が電気回路を流れるときは，その回路の**電気抵抗**によって**逆起電力**が生ずるが，交流の電流の場合はどのようになるであろうか．交流の電流を

$$i(t) = \sqrt{2}I_{\text{eff}} \sin \omega t \tag{3.13}$$

とすれば，電気抵抗の端子に生ずる逆起電力は

$$\begin{aligned}
v_R(t) &= Ri(t) \\
&= R\sqrt{2}I_{\text{eff}} \sin \omega t
\end{aligned} \tag{3.14}$$

となって，

$$V_{R_{\text{eff}}} = RI_{\text{eff}} \tag{3.15}$$

であり，電流と電圧の間に位相差は生じない（図 3.5 (a) 参照）．

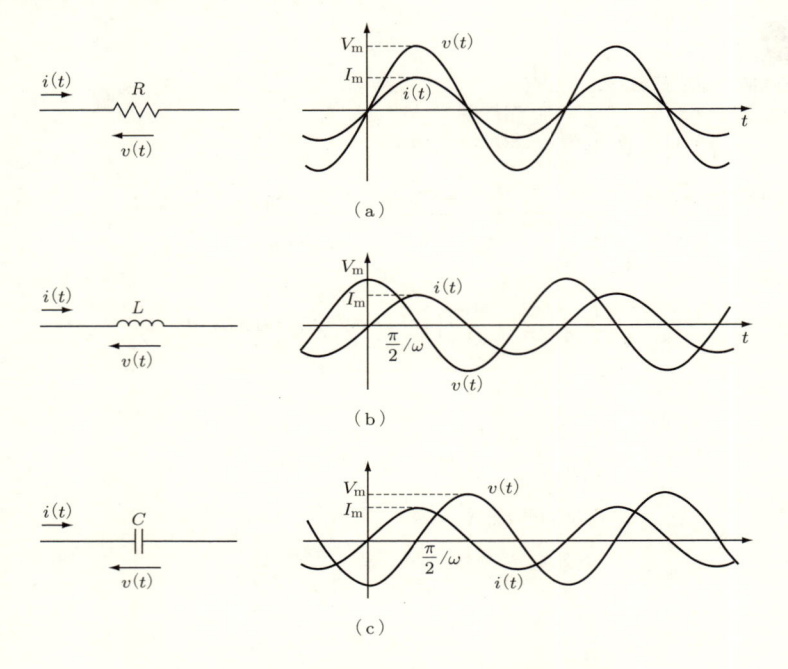

図 3.5 交流用回路素子における電圧と電流の関係

電流を式 (3.13) で与えると**インダクタンス L に発生する逆起電力**は

$$v_L(t) = L\frac{di(t)}{dt} \tag{3.16}$$

$$= \omega L\sqrt{2}I_{\text{eff}}\cos\omega t = \omega L\sqrt{2}I_{\text{eff}}\sin\omega\left(\omega t + \frac{\pi}{2}\right) \tag{3.17}$$

となって,

$$\left.\begin{array}{l} V_{L_{\text{eff}}} = \omega L I_{\text{eff}} \\ \phi = \dfrac{\pi}{2} \end{array}\right\} \tag{3.18}$$

であり,逆起電力は ω に比例し,電圧は電流より $\pi/2$ rad だけ位相が進む,つまり電流は電圧より $\pi/2$ rad だけ遅れて流れることになる (図 3.5 (b) 参照).

次に,この電流を**静電容量 C に流すと,その逆起電力**は

$$v_C(t) = \frac{1}{C}\int i(t)dt \tag{3.19}$$

$$= -\frac{\sqrt{2}I_{\text{eff}}}{\omega C}\cos\omega t = \frac{\sqrt{2}I_{\text{eff}}}{\omega C}\sin\left(\omega t - \frac{\pi}{2}\right) \tag{3.20}$$

となって,

$$\left.\begin{array}{l} V_{C_{\text{eff}}} = \dfrac{I_{\text{eff}}}{\omega C} \\ \phi = -\dfrac{\pi}{2} \end{array}\right\} \tag{3.21}$$

である.この場合,逆起電力は ω に逆比例し,電流は電圧より $\pi/2$ rad だけ位相が進むことになる (図 3.5 (c) 参照).

以上のように正弦波の電流が回路素子に流れた場合の応答 (逆起電力) は必ず同じ角周波数の正弦波であって,素子の種類や大きさによって異なるのはその振幅と位相のみである.

式 (3.15), (3.18) および (3.21) で示されたように,電圧と電流の関係を示す式における比例定数, R, ωL, $1/\omega C$ を総称して**インピーダンス** (impedance) の大きさといい,その単位はオーム [Ω] である.これより抵抗では,インピーダンスの大きさは周波数に無関係となるが,インダクタンスでは周波数に比例し,静電容量では周波数に反比例する.またインピーダンスの逆数を**アドミタンス** (admittance) という.

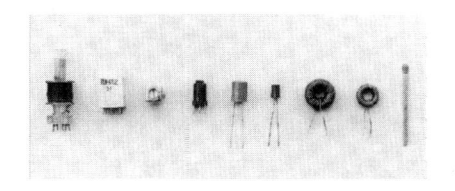

図 **3.6** いろいろな種類のインダクタンス

図 **3.7** いろいろな種類のコンデンサ

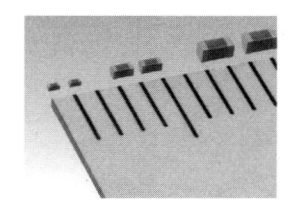

図 **3.8** チップコンデンサ (㈱村田製作所提供)

例題 3.3

1個の素子からなる回路に電圧を印加した．回路に流れた電流は，次のようになった．回路を構成している素子の種類を推論し，その大きさを求めよ．

$$v(t) = 100\sin(314t + 2.17\,[\text{rad}]) \quad [\text{V}]$$
$$i(t) = 2\sin(314t + 0.602\,[\text{rad}]) \quad [\text{A}]$$

解

電圧の位相が電流の位相に比べて

$$\phi = 2.17 - 0.602 = 1.57 = \frac{\pi}{2}\,[\text{rad}]$$

だけ進んでいるので，回路素子はインダクタンスである．インピーダンスの大きさは

$$Z = \omega L = \frac{V_{\text{eff}}}{I_{\text{eff}}} = \frac{100/\sqrt{2}}{2/\sqrt{2}} = 50\,\Omega$$

一方，角周波数 ω は

$$\omega = 314\,\text{rad/s}, \qquad f = \frac{\omega}{2\pi} = 50\,\text{Hz}$$

であるから，インダクタンスの大きさは

$$L = \frac{Z}{\omega} = \frac{50}{314} = 0.159\,\text{H}$$

である．

3.4 交流回路の計算

次に抵抗とインダクタンスと容量の組合わせた回路について計算してみよう．最初に図 3.9 の RL 直列回路について考える．直流回路では，抵抗の端子電圧 (電圧計 V_R の指示値) の和は印加電圧に等しかったが，交流では実効値で示された抵抗の端子電圧 V_R とインダクタンスの端子電圧 V_L の和は位相差のために印加電圧に等しくはないことに注意しよう (図 3.9 (b) を参照)．

回路を流れている電流を

$$i(t) = \sqrt{2}I_{\text{eff}}\sin\omega t \tag{3.22}$$

とすれば，抵抗およびインダクタンスの端子電圧は式 (3.14)，(3.17) で与えられる．合成の電圧は

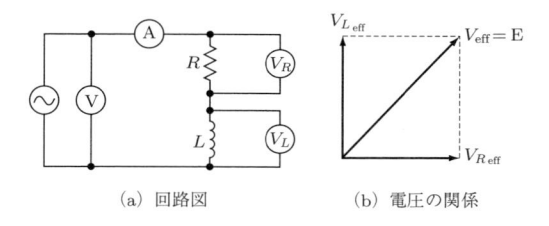

図 3.9 RL 直列回路と電圧の関係

$$\left.\begin{aligned}v_{\text{total}}(t) &= R\sqrt{2}I_{\text{eff}}\sin\omega t + \omega L\sqrt{2}I_{\text{eff}}\cos\omega t \\ &= \sqrt{2}I_{\text{eff}}\sqrt{R^2+(\omega L)^2}\sin(\omega t+\phi) \\ \phi &= \tan^{-1}\frac{\omega L}{R}\end{aligned}\right\} \quad (3.23)$$

となって,各瞬間の電圧は

$$v_{\text{total}}(t) = v_R(t) + v_L(t) \quad (3.24)$$

が成立するが,実効値は

$$V_{R\text{ eff}} = I_{\text{eff}}R, \quad V_{L\text{ eff}} = \omega L I_{\text{eff}}, \quad V_{\text{total eff}} = \sqrt{R^2+(\omega L)^2}I_{\text{eff}} \quad (3.25)$$

より

$$V_{\text{total eff}} \neq V_{R\text{ eff}} + V_{L\text{ eff}}$$

である.電圧計 V_R, V_L の指示値はそれぞれ $V_{R\text{ eff}}$, $V_{L\text{ eff}}$ である.式 (3.25) より

$$V_{\text{total eff}}^2 = V_{R\text{ eff}}^2 + V_{L\text{ eff}}^2 \quad (3.26)$$

この結果,$V_{R\text{ eff}}$ と $V_{L\text{ eff}}$ はベクトル的に加え合わされていることがわかる (図 3.9(b) 参照).

以上述べてきたように,電圧・電流は実効値で記述することによって,その関係を論ずることができるので,特に他の関係との間でまぎらわしいことがないかぎり,すべて実効値で論じ,eff の文字は省略する.

RC 直列回路に電流

$$i(t) = \sqrt{2}I\sin\omega t \tag{3.27}$$

が流れたとすれば，抵抗および容量の端子電圧は式 (3.14)，(3.20) で与えられ，合成の電圧は，

$$\left.\begin{aligned}v_{\text{total}}(t) &= R\sqrt{2}I\sin\omega t - \frac{\sqrt{2}I}{\omega C}\cos\omega t \\ &= \sqrt{2}I\sqrt{R^2 + \frac{1}{(\omega C)^2}}\sin(\omega t + \phi) \\ \phi &= \tan^{-1}\frac{-1}{\omega CR}\end{aligned}\right\} \tag{3.28}$$

となる．この場合にも

$$V_{\text{total}} = \sqrt{V_R^2 + V_C^2} \tag{3.29}$$

の関係が成立する．この関係を図 3.10 に示す．

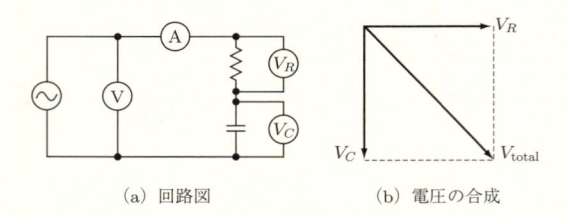

(a) 回路図　　(b) 電圧の合成

図 3.10 RC 直列回路と電圧の関係

例題 3.4

抵抗 30 Ω，自己インダクタンス 0.127 H の直列回路に交流電圧 100 V を加えたところ，電流 2 A が流れた．この回路のインピーダンス，誘導リアクタンス，および周波数を求めよ．

解

インピーダンス Z の大きさは

$$Z = \frac{V}{I} = \frac{100}{2} = 50\ \Omega$$

であって，$Z^2 = R^2 + X_L^2$ の関係から誘導リアクタンス X_L は

$$X_L = \sqrt{Z^2 - R^2} = \sqrt{50^2 - 30^2} = 40 \ \Omega$$

したがって，周波数 f は

$$f = \frac{X_L}{2\pi L} = \frac{40}{2\pi \times 0.127} = 50 \ \text{Hz}$$

である．

3.5 瞬時電力

RL 直列回路において電源から供給される**瞬時電力**は式 (3.22) と (3.23) より，

$$p(t) = v(t)i(t)$$
$$= \sqrt{2}\,V\sin(\omega t + \phi)\sqrt{2}\,I\sin\omega t \tag{3.30}$$
$$= VI\cos\phi - VI\cos(2\omega t + \phi) \tag{3.31}$$

となり，平均電力は

$$P_\text{a} = \frac{1}{T}\int_0^T p(t)dt = VI\cos\phi \qquad T = \frac{2\pi}{\omega} \tag{3.32}$$

となって，これが抵抗で消費される電力である．つまり印加した電圧と流れる電流の間に位相差 ϕ があるために，消費電力は VI とはならない．

例題 3.5

抵抗 $R\,[\Omega]$，静電容量 $C\,[\text{F}]$ の直列回路に実効値 $V\,[\text{V}]$，角周波数 $\omega\,[\text{rad/s}]$ の正弦波電圧を印加した．回路のインピーダンスを求め，回路を流れる電流を求めよ．

解

インピーダンス Z の大きさは

$$Z = \sqrt{R^2 + \frac{1}{\omega^2 C^2}} \quad [\Omega]$$

である．回路を流れる電流は

$$I = \frac{V}{Z} = \frac{V}{\sqrt{R^2 + \dfrac{1}{\omega^2 C^2}}} \quad [\text{A}]$$

$$\phi = \angle I = \tan^{-1}\frac{1}{\omega C R} \quad [\text{rad}]$$

となるから，電圧 V を時間関数で表現すれば，電圧 $v(t)$ が

で与えられる．よって電流は
$$v(t) = \sqrt{2}\,V \sin \omega t \quad [\text{V}]$$

$$i(t) = \sqrt{2}\,I \sin(\omega t + \phi) \quad [\text{A}]$$

となる．

例題 3.6

前問において回路で消費される瞬時電力および平均電力を求めよ．

解

これより瞬時電力は
$$\begin{aligned} p(t) &= v(t) \cdot i(t) \\ &= VI\{\cos\phi - \cos(2\omega t + \phi)\} \quad [\text{W}] \end{aligned}$$

である．平均電力は
$$\begin{aligned} P &= \frac{1}{T}\int_0^T p(t)dt = VI\cos\phi \\ &= \frac{R}{R^2 + \dfrac{1}{\omega^2 C^2}}V^2 \quad [\text{W}] \end{aligned}$$

となる．

演習問題 3

3.1 周波数が 60 Hz, 1 MHz の正弦波交流の周期を求めよ．
3.2 正弦波交流の周期が 20 μs, 25 ns の周波数を求めよ．
3.3 周波数 100 Hz の角周波数を求めよ．
3.4 実効値が 1 V, 300 V の正弦波電圧の最大値を求めよ．
3.5 実効値が 100 V の正弦波電圧の平均値はいくらか．
3.6 正弦波電流の平均値が 10 A の実効値はいくらか．
3.7 正弦波電流の位相角は 0°C である．電圧の位相角はいくらか．この場合，通常は位相進みというか，位相遅れというか (図 3.11)．

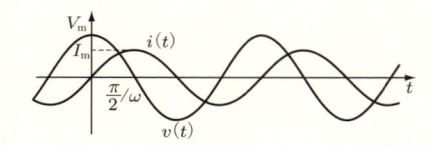

図 3.11

3.8 次の瞬時値で示される電圧波形について,次の問いに答えよ.
$$v(t) = 141.4 \sin\left(100\pi t + \frac{\pi}{3}\right) \quad [\text{V}]$$
(1) 最大値を求めよ.
(2) 実効値を求めよ.
(3) 周波数を求めよ.
(4) 初期位相を求めよ.

3.9 次の瞬時値で示される電流がインダクタンス L に流れた.インダクタンス L の端子電圧を求めよ.ただし,$L = 10$ mH とする.
$$i(t) = 3 \sin\left(100t - \frac{\pi}{2}\right) \quad [\text{A}]$$

3.10 回路に加えられた電圧の瞬時値と回路を流れた電流の瞬時値が次の式で与えられている.この回路に供給される瞬時電力と平均電力を求めよ.
$$v(t) = 10 \sin\left(100t + \frac{\pi}{6}\right) \quad [\text{V}]$$
$$i(t) = 5 \sin\left(100t - \frac{\pi}{3}\right) \quad [\text{A}]$$

3.11 最大値 100 V,$t = 0$ のときの瞬時値 50 V,周波数 60 Hz の正弦波電圧の瞬時値を表す式を求め,これを図示せよ.

3.12 次の二つの正弦波の和を求め,$v_1(t)$ と合成波の位相差はいくらになるか.
$$v_1(t) = \sqrt{2} V \sin \omega t \quad [\text{V}]$$
$$v_2(t) = \sqrt{2} \frac{V}{n} \sin\left(\omega t + \frac{\pi}{2}\right) \quad [\text{V}]$$

3.13 133 mH のインダクタンスの 60 Hz,600 Hz,6000 Hz の正弦波に対するリアクタンスを求めよ.

3.14 50 Hz において,318 mH のインダクタンスと同じ大きさのリアクタンスを持つ静電容量を求めよ.

3.15 抵抗 15 Ω,インダクタンス 53.1 mH の直列回路がある.実効値 100 V,周波数 60 Hz の電圧を印加した.回路のインピーダンス,および流れる電流を求めよ.

3.16 抵抗 100 Ω と静電容量 35.4 μF の直列回路に実効値 100 V,周波数 60 Hz の電圧を加えた.回路を流れる電流の大きさと,電圧との位相差を求めよ.

3.17 抵抗 R と静電容量 C の並列回路に電圧 $v(t) = \sqrt{2}\, V \sin(\omega t + \theta)$ [V] を印加したとき,回路を流れる電流の瞬時値を求めよ.

3.18 2種類の素子が直列に接続されている.印加した電圧と流れた電流は次のようになった.回路を構成している素子を求めよ.
$$v(t) = 300 \sin\left(300t + \frac{\pi}{4}\right) \quad [\text{V}]$$
$$i(t) = 10 \sin\left(300t + \frac{\pi}{12}\right) \quad [\text{A}]$$

3.19 RLC 並列回路に電圧 $v(t) = \sqrt{2}\,V\sin\omega t$ [V] を印加した．各素子を流れる電流と全電流の瞬時値を求めよ．

3.20 LC 並列回路においてインダクタンスに流れる電流が静電容量を流れる電流の 9 倍となった．各素子の大きさを求めよ．ただし，回路全体にかかる電圧と電流は次の通りである．

$$v(t) = 50\sin\left(2000t + \frac{\pi}{4}\right) \quad [\text{V}]$$

$$i(t) = 2\sin\left(2000t - \frac{\pi}{4}\right) \quad [\text{A}]$$

3.21 RLC 直列回路のインピーダンスを求め，周波数範囲 200〜500 Hz の大きさを図示せよ．ただし，$R = 100\ \Omega$，$L = 0.5$ H，$C = 0.5\ \mu$F である．

3.22 RL 直列回路と並列に容量を接続し，回路全体を流れる電流が電圧と同相になる角周波数に関する条件を求めよ．またこの条件が成立するためには R，L，C の間にどのような関係が必要か．

3.23 100 V，60 Hz の正弦波の電圧源から，86.6 Ω の抵抗と 53.1 μF のコンデンサの直列回路に電力を供給している．回路に供給されている瞬時電力を求めよ．この時，抵抗で消費されている平均電力を求めよ．

3.24 200 V，50 Hz の正弦波の電圧源に RL 直列回路を接続した．電流は 5 A が流れ，力率が 0.5 であった．RL の素子の値を求めよ．また抵抗で消費される平均電力はいくらか．

3.25 あるインピーダンス負荷に供給されている電力を測定したところ，有効電力 400 W，無効電力 300 Var の遅れ力率であった．この負荷の皮相電力および力率を求めよ．この負荷に並列に消費電力 200 W，進み力率 0.894 の負荷を接続した．合成した負荷の有効電力，皮相電力，力率を求めよ．

4 交流回路の計算法

　正弦波交流電圧に対する回路の応答電流は，線形回路素子であれば，必ず同じ角周波数である．つまり，回路の内部の電流はすべて同じ角周波数である．そこで応答電流は，すべて大きさと位相で表現される．この電流の大きさと位相（二つの変数）を空間ベクトルに対応させて，時間的なベクトル（特に空間的なベクトルと区別するときは，位相子と呼ぶこともある）として表現する方法について学ぶ．時間ベクトルは二つの量で表現されるので，これを複素数に対応させることにより，簡単に演算することができる．

　電圧，電流をベクトル（複素数）として表現することにより，インピーダンスもベクトル（複素数）として表現できる．つまり，電気回路の解法を学ぶことは，電圧，電流，インピーダンスのベクトル計算に習熟することである．

4.1 交流のベクトル表示

　正弦波交流は一般に

$$e(t) = E_\mathrm{m} \sin(\omega t + \theta) \tag{4.1}$$

で表され，最大値 E_m（実効値は $E_\mathrm{m}/\sqrt{2}$），周波数 f（角周波数 $\omega = 2\pi f$），および位相角 θ の三つを定めれば，任意時刻 t の電圧 $e(t)$ が定まる．通常交流の電圧・電流は実効値で表すので，最大値の代わりに実効値そして角周波数，位相角で表すのが適当である．

　図 4.1 に示すように，半径 E_m のベクトルを原点を中心に反時計方向に角速度 ω [rad/s] で回転させた場合の y 軸上への投影を考えてみよう．時刻 $t = 0$ におけるベクトルを x 軸と θ だけ傾けたベクトル OA′ とすれば，y 軸への投影は OA = OA′$\sin\theta$ に等しい．時刻 $t = t$ においては，ベクトル OA′ が角速度 ω で反時計方向に回転して，ベクトル OB′ となり，y 軸への投影は

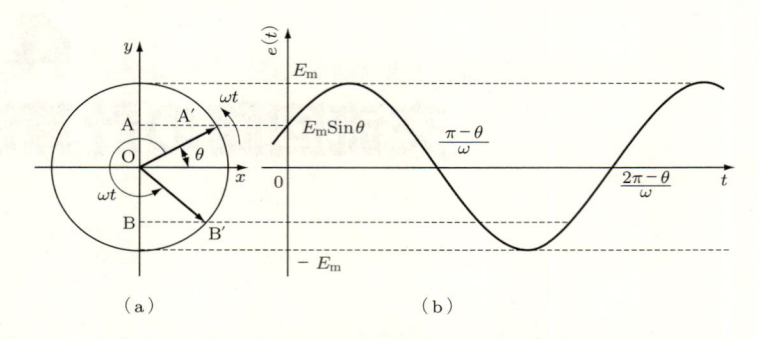

図 4.1 正弦波交流の回転ベクトル表示

$OB = OB' \sin(\omega t + \theta)$ のとなる．この y 軸の値を縦軸に，時間 t を横軸にとると，同図 (b) のようなグラフが描ける．OA' を最大値 E_m，OA を瞬時値 $e(t)$ とする正弦波交流 $e(t) = E_m \sin(\omega t + \theta)$ の波形を描くことができる．

正弦波交流の波形図 4.1 (b) は，図 4.1 (a) の回転ベクトルから描くことができる．同図 (a) より正弦波交流の静止ベクトル表示を考える．式 (4.1) で示される正弦波交流は，角周波数 ω が定まっているものとすれば，実効値 $E = E_m/\sqrt{2}$ と位相角 θ を知れば，すべての時刻 t における値 $e(t)$ を知ることができる．これを図 4.2 のように大きさ E，方向 (偏角または位相角といい，反時計方向にとる) θ のベクトルで表す．

図 4.2 の電圧ベクトル $\boldsymbol{E}$ (ゴシック体 $\boldsymbol{E}$ はベクトルを示す) は，

$$\left. \begin{array}{l} |\boldsymbol{E}| = E \\ \angle \boldsymbol{E} = \theta \end{array} \right\} \tag{4.2}$$

で表される．

複素電圧 $\boldsymbol{E}$，複素電流 $\boldsymbol{I}$ とすれば，この二つのベクトルは図 4.3 に示すように $(\theta_V - \theta_I)$ なる一定の角度を保ちつつ，同一の角速度 ω で反時計方向に回転して

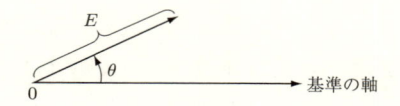

図 4.2 正弦波交流のベクトル表示

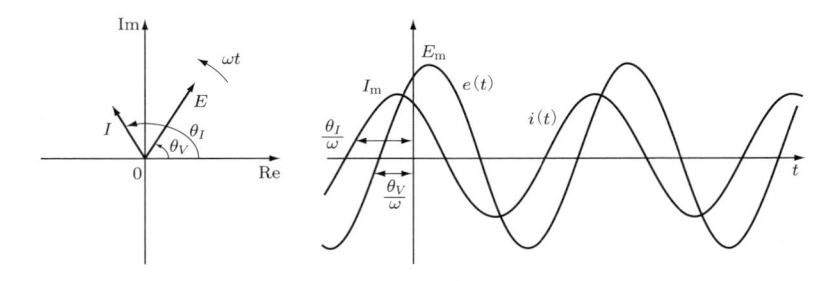

図 4.3 電圧と電流の関係

いる．ここで必要なのは，二つのベクトルの相対的な関係であって，ベクトルを回転させる必要はない．その結果，これまで正弦波電圧として $E_\mathrm{m}\sin(\omega t+\theta)$ を考えてきたが，その代わりに複素量 $E_\mathrm{m}\varepsilon^{j(\omega t+\theta)}$ を用いれば，これはそれぞれ図 4.1 の (b)，つまり (a) を示していることとなり，

$$E_\mathrm{m}\sin(\omega t+\theta) = \mathrm{Im}\,[E_\mathrm{m}\varepsilon^{j(\omega t+\theta)}]$$

である．そこで固定されたベクトル表示の電圧として

$$\boldsymbol{E} = \frac{E_\mathrm{m}}{\sqrt{2}}\varepsilon^{j\theta}$$

のように定義する．以上のように，相対関係のみを知る必要から電圧のベクトルを導入したが，相対関係ということから基準点はどこに定めてもよい．特に実軸に一致したベクトルを**基準ベクトル**という．

このベクトルを図 4.4 のように直角座標表示をするものとして，x 軸を実数軸，y 軸を虚数軸 (通常は虚数単位は i を用いるが，電気の分野では電流と混同しやすいので，j を用いる) に対応させる．ベクトルの合成の考え方より，これ

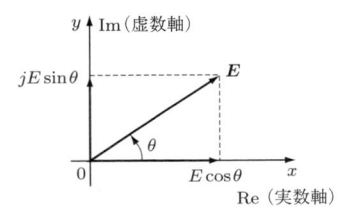

図 4.4 ベクトル図

らのベクトルを次のように表示できる．

$$
\left.\begin{aligned}
\boldsymbol{E} &= |\boldsymbol{E}|\angle \boldsymbol{E} \\
&= E\varepsilon^{j\theta} \\
&= E\cos\theta + jE\sin\theta
\end{aligned}\right\} \quad (4.3)
$$

このように電気工学では，電圧 $\boldsymbol{E}$，電流 $\boldsymbol{I}$ をベクトル量として表し，この取扱い方法を**ベクトル記号法**という．式 (4.2) あるいは (4.3) で定義したベクトルは普通の空間的に大きさと方向をもつベクトルと異なって，正弦波的な時間変化をする複素平面上のベクトルであるから，特に空間ベクトルと区別するときには**時間ベクトル**あるいは**位相子** (phasor) とよばれる．

このように角速度の等しい正弦波交流の複雑な計算は，正弦波の直接の計算の代わりに，ベクトル表示をすることによって，ベクトルの和，差，積，商としての合成で求められる．

📖 STUDY

複素数

電圧・電流は時間的なベクトル (位相子) として表現されるので，これらの値を複素数と考えて加減算を復習する．

x, y を実数，虚数単位を $j\,(=\sqrt{-1})$ として $z = x + jy$ を複素数という．（複素数 z は平面のベクトルとみなすことができる．）複素数 $z_1 = x_1 + jy_1$，$z_2 = x_2 + jy_2$ の和，差，積および商はそれぞれ次のように定義される．

$$z_1 + z_2 = (x_1 + jy_1) + (x_2 + jy_2) = (x_1 + x_2) + j(y_1 + y_2) \quad (1)$$

$$z_1 - z_2 = (x_1 + jy_1) - (x_2 + jy_2) = (x_1 - x_2) + j(y_1 - y_2) \quad (2)$$

$$z_1 z_2 = (x_1 + jy_1)(x_2 + jy_2) = (x_1 x_2 - y_1 y_2) + j(x_1 y_2 + x_2 y_1) \quad (3)$$

$$
\begin{aligned}
\frac{z_1}{z_2} &= \frac{x_1 + jy_1}{x_2 + jy_2} = \frac{(x_1 + jy_1)(x_2 - jy_2)}{(x_2 + jy_2)(x_2 - jy_2)} \\
&= \frac{(x_1 x_2 + y_1 y_2) + j(x_2 y_1 - x_1 y_2)}{x_2^2 + y_2^2}
\end{aligned} \quad (4)
$$

直角座標 (x, y) と極座標表 (r, θ) の間には次のような関係が成り立つ．

$$z = x + jy = r\varepsilon^{j\theta} = r\cos\theta + jr\sin\theta \quad (5)$$

ただし、$\theta = \angle z = \tan^{-1}\dfrac{y}{x}, \quad r = |z| = \sqrt{x^2 + y^2}$ \hfill (6)

ここで ε は自然対数の底である．式 (5) で $r = 1$ の場合をオイラーの公式という．

$$\varepsilon^{j\theta} = \cos\theta + j\sin\theta \quad \text{(オイラーの公式)} \tag{7}$$

極座標表示を用いれば，$z_1 = r_1 e^{j\theta_1}, z_2 = r_2 e^{j\theta_2}$ の積と商は，

$$z_1 z_2 = (r_1 \varepsilon^{j\theta_1})(r_2 e^{j\theta_2}) = r_1 r_2 \varepsilon^{j(\theta_1 + \theta_2)} \tag{8}$$

$$\frac{z_1}{z_2} = \frac{(r_1 \varepsilon^{j\theta_1})}{(r_2 \varepsilon^{j\theta_2})} = \left(\frac{r_1}{r_2}\right)\varepsilon^{j(\theta_1 - \theta_2)} \tag{9}$$

となる．また，複素数 $z_1 = r\varepsilon^{j\theta}$ の平方根は次式となる．

$$\sqrt{z} = \sqrt{r}\varepsilon^{j\theta/2} \tag{10}$$

$x\,(= r\cos\theta)$, $y\,(= r\sin\theta)$ を z の実数部，虚数部といい，$\mathrm{Re}\{z\}$, $\mathrm{Im}\{z\}$ で表す．

[例] 次の複素数 $z_1 = 5 + j3, z_2 = 3 - j8$ の和，差，積，商を求める．

$$z_1 + z_2 = (5 + 3) + j(3 - 8) = 8 - j5$$

$$z_1 - z_2 = (5 - 3) + j(3 + 8) = 2 + j11$$

$$z_1 z_2 = (15 + 24) + j(-40 + 9) = 39 - j31$$

$$\frac{z_1}{z_2} = \frac{(15 - 24) + j(9 + 40)}{9 + 64} = \frac{-9 + j49}{73}$$

[例] 複素数 $z = 3 + j4$ を極座標表示に変形する．

$$z = \sqrt{3^2 + 4^2}\,\varepsilon^{j\tan^{-1}\frac{4}{3}} = 5\varepsilon^{j0.927\,[\mathrm{rad}]}$$

4.2 交流回路の基本計算

抵抗に電流 $\boldsymbol{I}$ を流した場合を考えよう．ここでは角周波数が ω であることをはっきりさせるために，$\varepsilon^{j\omega t}$ を付け加えて表示する．電流 $\boldsymbol{I}$ を基準ベクトルとすれば，

$$\boldsymbol{I} = I\varepsilon^{j\omega t} \tag{4.4}$$

と考えられ，抵抗 R の端子の逆起電力は

$$\boldsymbol{V} = V\varepsilon^{j(\omega t + \theta)} = R\boldsymbol{I} = RI\varepsilon^{j\omega t} \tag{4.5}$$

と考えられ，

$$V = RI \quad \text{あるいは} \quad I = V/R, \quad \theta = 0 \tag{4.6}$$

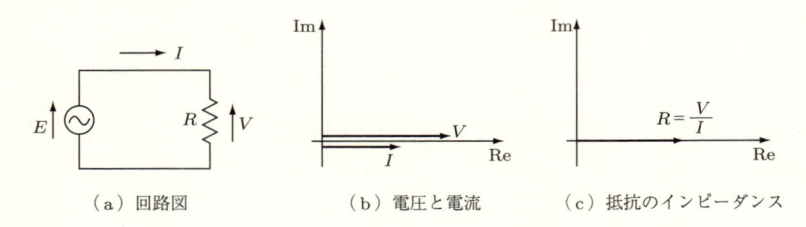

(a) 回路図　　　　(b) 電圧と電流　　　　(c) 抵抗のインピーダンス

図 4.5　抵抗回路とベクトル図

である．これらの間のベクトル図を図 4.5 に示す．

抵抗は直流電圧と直流電流の比として定義されたが，交流では複素電圧と複素電流の比として定義され，これを**インピーダンス** (impedance) という．インピーダンス Z は

$$Z = \frac{V}{I} \tag{4.7}$$

として定義されているので，一般には複素数となる．その実数部分を特に**抵抗成分**，虚数部分を**リアクタンス成分**という．抵抗のインピーダンスは

$$Z_R = \frac{V}{I} = R \tag{4.8}$$

であり，これを図 4.5 (c) に示す．

インダクタンス L に電流 $I = I\varepsilon^{j\omega t}$ を流せば

$$V = V\varepsilon^{j(\omega t + \theta)} = L\frac{d}{dt}I = j\omega L I \varepsilon^{j\omega t} = \omega L I \varepsilon^{j(\omega t + \pi/2)} \tag{4.9}$$

となり，

$$V = \omega L I, \qquad \theta = \frac{\pi}{2}$$

が得られる．これよりインダクタンスのインピーダンスは，$\varepsilon^{j\pi/2} = 0 + j$ より

$$Z_L = \frac{V}{I} = \omega L \varepsilon^{j\pi/2} = j\omega L \tag{4.10}$$

である．このようなインピーダンス Z_L を考えることによって，電圧，電流の共通項である $\varepsilon^{j\omega t}$ を省略できるので電圧は $V = V\varepsilon^{j\theta}$ のように表す．特に

$$X = \omega L \tag{4.11}$$

と表示し，これを**誘導性リアクタンス** (inductive reactance) といい，その単位

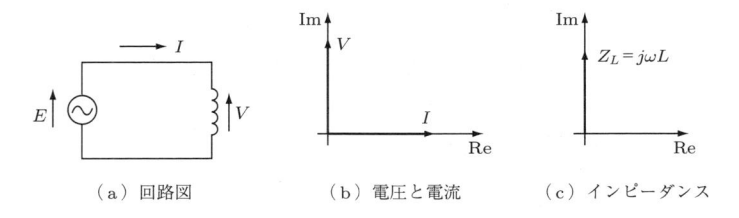

(a) 回路図   (b) 電圧と電流   (c) インピーダンス

図 4.6 インダクタンス回路とベクトル図

はオーム $[\Omega]$ である.

静電容量 C の回路に電流 $\boldsymbol{I} = I\varepsilon^{j\omega t}$ を流せば,

$$\boldsymbol{V} = V\varepsilon^{j(\omega t + \theta)} = \frac{1}{C}\int \boldsymbol{I} dt = \frac{1}{j\omega C}I\varepsilon^{j\omega t} = \frac{I}{\omega C}\varepsilon^{j(\omega t - \pi/2)} \tag{4.12}$$

となって

$$V = \frac{I}{\omega C}, \qquad \theta = -\frac{\pi}{2} \tag{4.13}$$

である. これより静電容量のインピーダンスは

$$\boldsymbol{Z}_C = \frac{\boldsymbol{V}}{\boldsymbol{I}} = \frac{1}{\omega C}\varepsilon^{-j\pi/2} = \frac{1}{j\omega C} \tag{4.14}$$

である. 特に

$$X = \frac{1}{\omega C} \tag{4.15}$$

を**容量性リアクタンス** (capacitive reactance) といい, 単位はオーム $[\Omega]$ である.

インピーダンスの逆数を**アドミタンス** (admittance) といい, その実数部分を**コンダクタンス** G (conductance), 虚数部分を**サセプタンス** B (susceptance) といい, 単位はいずれもジーメンス $[S]$ である.

$$\boldsymbol{Y} = \frac{1}{\boldsymbol{Z}} = \frac{1}{R + jX} = G + jB \tag{4.16}$$

よって抵抗をアドミタンス表示すれば

$$\boldsymbol{Y}_R = \frac{1}{R} = G \tag{4.17}$$

であり, インダクタンスおよび静電容量のアドミタンスは

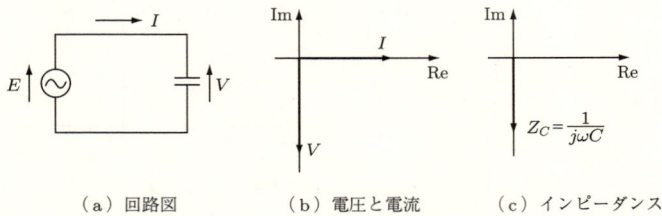

(a) 回路図　　(b) 電圧と電流　　(c) インピーダンス

図 4.7　静電容量とベクトル図

$$\boldsymbol{Y}_L = \frac{1}{j\omega L} \tag{4.18}$$

$$\boldsymbol{Y}_C = j\omega C \tag{4.19}$$

となる．

例題 4.1

電圧 $v(t) = \sqrt{2}\,150\sin(\omega t + 45°)$ [V] を印加したところ，流れた電流は $i(t) = \sqrt{2}\,3\sin(\omega t - 45°)$ [A] であった．電圧・電流をベクトル表示し，インピーダンスを求めよ．周波数を 50 Hz として，回路素子を求めよ．

解

電圧は

$$\boldsymbol{V} = 150\varepsilon^{j45°}\ [\text{V}]$$

であり，電流は

$$\boldsymbol{I} = 3\varepsilon^{-j45°}\ [\text{A}]$$

となるので

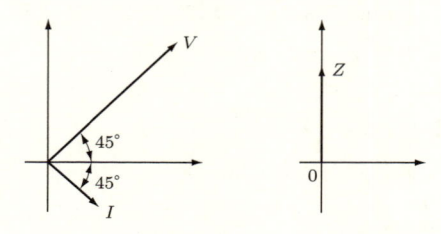

(a) 電圧，電流のベクトル図　　(b) インピーダンス

図 4.8　静電容量とベクトル図

$$Z = \frac{V}{I} = 50\varepsilon^{j90°} = j50 \ [\Omega]$$

となる．よって，回路素子はインダクタンスである．

$$\omega L = 50 \quad \therefore \quad L = \frac{50}{2\pi \times 50} = 0.159 = 159 \ \mathrm{mH}$$

4.3 インピーダンスの接続

インピーダンスは複素量であるが，その逆起電力と流れる電流の間には，形式的にオームの法則と同じ式が成立するので，抵抗の接続と同様な結果が得られる．

図 4.9 (a) に示すように，Z_1，Z_2 の 2 個のインピーダンスが直列に接続されているときの合成インピーダンスを求めよう．各素子に流れる電流 I は共通であり，各素子の逆起電力は $V_1 = Z_1 I$，$V_2 = Z_2 I$ であることを考えると，回路全体の逆起電力は

$$V = V_1 + V_2 = Z_1 I + Z_2 I = (Z_1 + Z_2) I \tag{4.20}$$

と表すことができ，等価な合成インピーダンスは

$$V = ZI \tag{4.21}$$

と考えることによって

$$Z = Z_1 + Z_2 \tag{4.22}$$

となる．同様に図 4.9 (b) のように n 個の素子が直列に接続されている場合には，合成インピーダンスは

$$Z = Z_1 + Z_2 + \cdots + Z_n = \sum_{i=1}^{n} Z_i \tag{4.23}$$

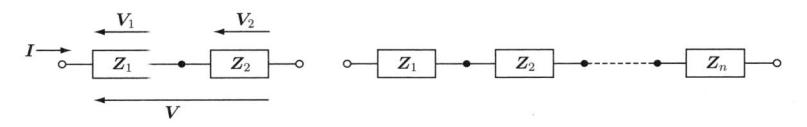

(a) 2個のインピーダンスの直列接続

(b) n個のインピーダンスの直列接続

図 **4.9** 直列接続

と表される．アドミタンスで考えれば，

$$V_1 = \frac{1}{Y_1}I \tag{4.24}$$

と定義されていることにより

$$\frac{1}{Y_1} = \frac{1}{Y_1} + \frac{1}{Y_2} + \cdots + \frac{1}{Y_n} = \sum_{i=1}^{n} \frac{1}{Y_i} \tag{4.25}$$

である．

この結果において，各インピーダンスは複素量であることに注意しなければならない．

$$Z = Z_1 + Z_2 + Z_3 + Z_4 \tag{4.26}$$

の場合について，ベクトル的に合成されている様子を図 4.10 に示す．ここで注意することは Z の実数部はつねに正または 0 である．

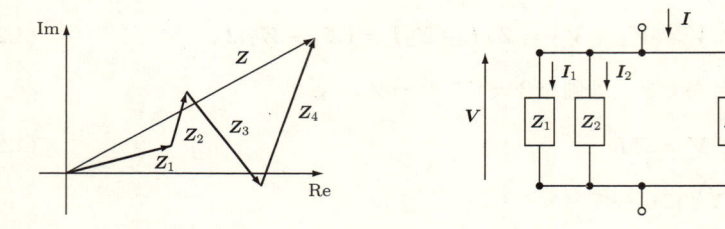

図 4.10 直列接続のインピーダンスのベクトル図

図 4.11 並列接続

図 4.11 に示すように回路が並列に接続されている場合には，各素子の逆起電力 V が一定となるように，各素子に電流 I_1, I_2, $\cdots$ が流れ，回路に流入する全電流は

$$I = I_1 + I_2 + \cdots + I_n \tag{4.27}$$

であり

$$\begin{aligned} I &= \frac{1}{Z_1}V + \frac{1}{Z_2}V + \cdots + \frac{1}{Z_n}V \\ &= \left(\frac{1}{Z_1} + \frac{1}{Z_2} + \cdots + \frac{1}{Z_n}\right)V \end{aligned} \tag{4.28}$$

となって，合成のインピーダンスは

$$\frac{1}{\boldsymbol{Z}} = \frac{1}{\boldsymbol{Z}_1} + \frac{1}{\boldsymbol{Z}_2} + \cdots + \frac{1}{\boldsymbol{Z}_n} = \sum_i \frac{1}{\boldsymbol{Z}_i} \tag{4.29}$$

であり，アドミタンスで表示すれば合成のアドミタンスは

$$\boldsymbol{Y} = \boldsymbol{Y}_1 + \boldsymbol{Y}_2 + \cdots + \boldsymbol{Y}_n = \sum_i \boldsymbol{Y}_i \tag{4.30}$$

となる．

例題 4.2

インピーダンス $\boldsymbol{Z}_1, \boldsymbol{Z}_2, \boldsymbol{Z}_3$ が直列に接続されている．各インピーダンスの端子電圧が

$$v_1(t) = \sqrt{2}\,30\sin(\omega t - 45°) \quad [\text{V}]$$
$$v_2(t) = \sqrt{2}\,10\sin(\omega t + 30°) \quad [\text{V}]$$
$$v_3(t) = \sqrt{2}\,40\sin(\omega t + 60°) \quad [\text{V}]$$

で与えられている．全体の電圧を電圧計により測定すれば，何 V となるか．ただし電圧計は実効値指示形とする．

解

図 4.12 が示すように各電圧をベクトル表示すると

$$\boldsymbol{V}_1 = 30\angle -45°$$
$$\boldsymbol{V}_2 = 10\angle 30°$$
$$\boldsymbol{V}_3 = 40\angle 60°$$

であるから，全体の電圧は

$$\boldsymbol{V} = \boldsymbol{V}_1 + \boldsymbol{V}_2 + \boldsymbol{V}_3 = 53.2\angle 20.3°$$

であって，電圧計の指示値は

$$V = |\boldsymbol{V}| = 53.2 \text{ V}$$

となる．

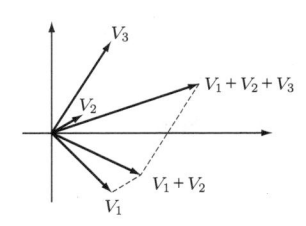

図 4.12

4.4 RL 直列回路

抵抗とインダクタンスが直列に接続されている場合を考えよう．

$$\boldsymbol{Z}_R = R, \qquad \boldsymbol{Z}_L = j\omega L \tag{4.31}$$

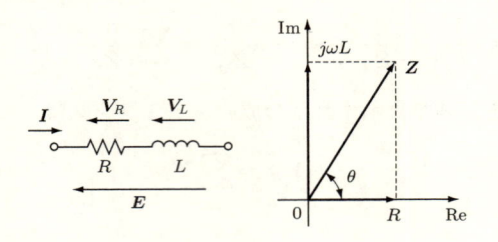

図 4.13 インピーダンスのベクトル図

であるから

$$\boldsymbol{Z} = \boldsymbol{Z}_R + \boldsymbol{Z}_L = R + j\omega L \tag{4.32}$$

となり，これのベクトル図を図 4.13 に示す．インピーダンスの大きさおよび位相角は

$$|\boldsymbol{Z}| = \sqrt{R^2 + (\omega L)^2} \tag{4.33}$$

$$\theta = \arg \boldsymbol{Z} = \tan^{-1} \frac{\omega L}{R} \tag{4.34}$$

となり，電流を基準ベクトル $\boldsymbol{I}$ にしたときの回路全体の逆起電力は

$$\boldsymbol{V} = (R + j\omega L)\boldsymbol{I} \tag{4.35}$$

であり，また印加電圧を基準ベクトル $\boldsymbol{E}$ にしたときの各素子の逆起電力および回路を流れる電流は

$$\left.\begin{aligned}
\boldsymbol{I} &= \frac{\boldsymbol{E}}{\boldsymbol{Z}} = \frac{1}{R + j\omega L}\boldsymbol{E} = \frac{(R - j\omega L)}{|\boldsymbol{Z}|^2}\boldsymbol{E} \\
\boldsymbol{V}_R &= R\boldsymbol{I} = \frac{R(R - j\omega L)}{|\boldsymbol{Z}|^2}\boldsymbol{E} \\
\boldsymbol{V}_L &= j\omega L\boldsymbol{I} = \frac{j\omega L(R - j\omega L)}{|\boldsymbol{Z}|^2}\boldsymbol{E}
\end{aligned}\right\} \tag{4.36}$$

となる．電流 $\boldsymbol{I}$，電圧 $\boldsymbol{E}$ をそれぞれ基準ベクトルとした場合のベクトル図を図 4.14 に描く．

次に，これらの量の周波数特性を求めよう．

$$\frac{|\boldsymbol{Z}|}{R} = \sqrt{1 + \left(\omega \frac{L}{R}\right)^2}$$

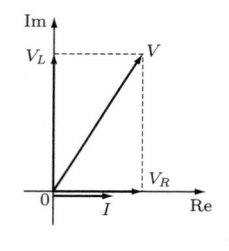

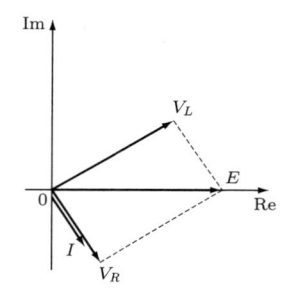

(a) 電流を基準ベクトルとした図　　(b) 印加電圧を基準ベクトルとした図

図 4.14 RL 素子の逆起電力のベクトル図

(a) インピーダンスの大きさ　　(b) インピーダンスの位相

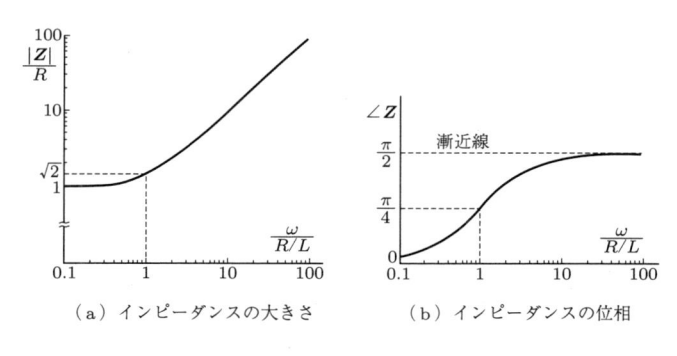

図 4.15 RL 回路のインピーダンスの周波数特性

であるから $\omega(L/R)$ なる周波数で目盛れば，図 4.15 (a) のようになる．位相特性も同様に周波数を目盛ることによって同図 (b) となる．

以上の周波数特性は，$\omega L/R = 1$ つまり $f = R/2\pi L$ なる周波数のところで大きさが $\sqrt{2}$，角度が $\pi/4$ となって，特性の変化の目安となる．

RL 回路を流れる電流の周波数特性を図 4.16 に示す．

この周波数特性を図 4.13 のベクトル図に重ねたものを**ベクトル軌跡**という．RL 直列回路において，角周波数 ω が 0 から ∞ まで変化すると，インピーダンス $\boldsymbol{Z}$ のベクトルの先端の描く軌跡は図 4.17 (a) のようになる．また RL 直列回路のアドミタンスは

$$\boldsymbol{Y} = \frac{1}{R + j\omega L} = \frac{R - j\omega L}{R^2 + (\omega L)^2} \tag{4.37}$$

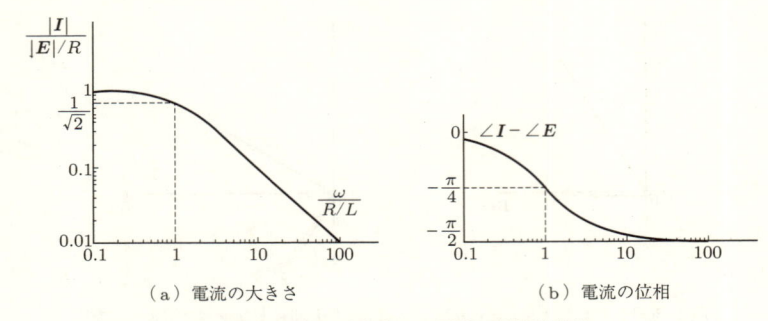

図 4.16 RL 回路を流れる電流の周波数特性

(a) 電流の大きさ　　(b) 電流の位相

となって，このベクトル軌跡は

$$x = \frac{R}{R^2 + (\omega L)^2}, \qquad y = -\frac{\omega L}{R^2 + (\omega L)^2} \tag{4.38}$$

とおくことによって

$$\left(x - \frac{1}{2R}\right)^2 + y^2 = \left(\frac{1}{2R}\right)^2 \tag{4.39}$$

となり，図 4.17 (b) のような半円となる．

(a) インピーダンスの　　(b) アドミタンスの
　　ベクトル軌跡　　　　　　ベクトル軌跡

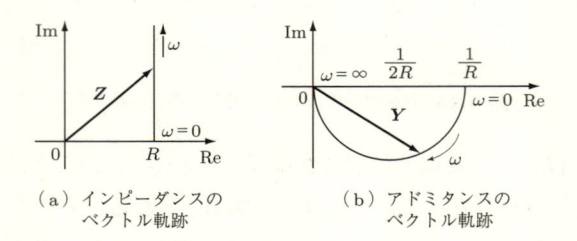

図 4.17 RL 直列回路のベクトル軌跡

例題 4.3

抵抗 6 Ω，インダクタンス 25.5 mH の直列回路に，正弦波交流電圧 100 V を加えたところ，電流 10 A が流れた．この回路のインピーダンス，および電源の周波数を求めよ．また，電圧を基準ベクトルとして電流ベクトルを示せ．

解

インピーダンスの大きさは
$$|\boldsymbol{Z}| = \frac{V}{I} = \frac{100}{10} = 10 \text{ Ω}$$
誘導リアクタンスを X とすれば
$$|\boldsymbol{Z}| = \sqrt{R^2 + X^2} = \sqrt{36 + X^2} = 10 \quad \therefore \quad X = 8 \text{ Ω}$$
$$X = 2\pi f L \quad \therefore \quad f = \frac{X}{2\pi L} = 50 \text{ Hz}$$

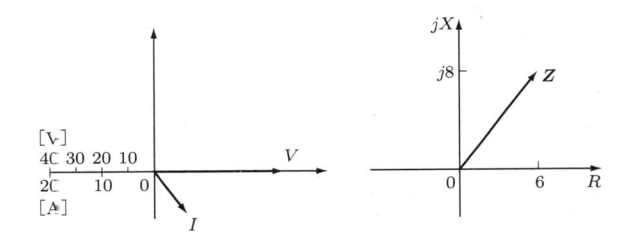

図 4.18 電圧と電流の関係とインピーダンス

4.5 RC 直列回路

次に，抵抗とキャパシタンスが直列に接続されている場合を考える．直列回路のインピーダンスは

$$\boldsymbol{Z} = R + \frac{1}{j\omega C} = R - j\frac{1}{\omega C} \tag{4.40}$$

であるから

$$|\boldsymbol{Z}| = \sqrt{R^2 + \frac{1}{(\omega C)^2}} \tag{4.41}$$

$$\theta = \arg \boldsymbol{Z} = \tan^{-1}\frac{-\frac{1}{\omega C}}{R} = -\tan^{-1}\frac{1}{\omega C R} \tag{4.42}$$

となる．よって電流 $\boldsymbol{I}$ を基準ベクトルとしたときの逆起電力のベクトルは

$$\boldsymbol{V} = \left(R - j\frac{1}{\omega C}\right)\boldsymbol{I} \tag{4.43}$$

であり，また印加電圧 $\boldsymbol{E}$ を基準ベクトルにしたときの各素子の逆起電力および回路を流れる電流は

$$I = \frac{E}{Z} = \frac{1}{R - j\dfrac{1}{\omega C}} E = \frac{R + j\dfrac{1}{\omega C}}{|Z|^2} E \tag{4.44}$$

$$V_R = RI = \frac{R\left(R + j\dfrac{1}{\omega C}\right)}{|Z|^2} E \tag{4.45}$$

$$V_C = \frac{1}{j\omega C} I = \frac{-j\dfrac{1}{\omega C}\left(R + j\dfrac{1}{\omega C}\right)}{|Z|^2} E \tag{4.46}$$

である.

次に，これらの諸量の周波数特性を求める.

$$\frac{|Z|}{R} = \sqrt{1 + \frac{1}{(\omega CR)^2}} \tag{4.47}$$

(a) RC直列回路　　(b) インピーダンスのベクトル図

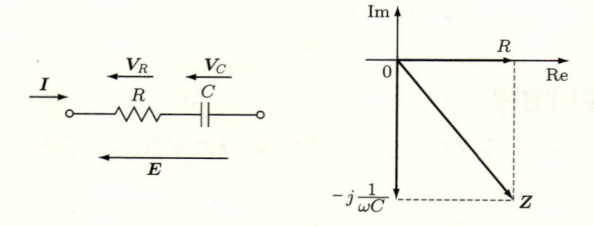

図 **4.19** RC 直列回路のインピーダンス

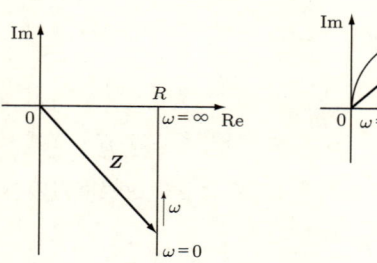

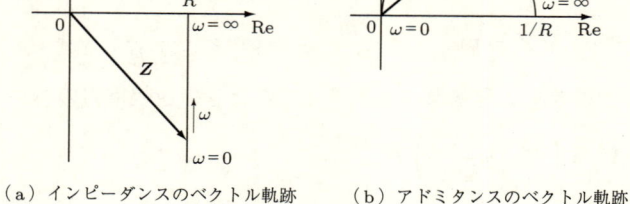

(a) インピーダンスのベクトル軌跡　　(b) アドミタンスのベクトル軌跡

図 **4.20** RC 直列回路のベクトル軌跡

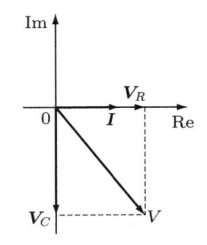

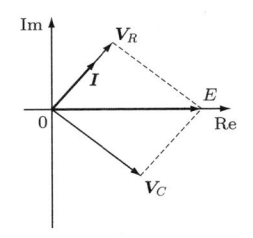

(a) 電流を基準ベクトルとした図　　(b) 印加電圧を基準ベクトルとした図

図 4.21　RC 素子の逆起電力のベクトル図

であるから $\omega CR = 1$ なる周波数で $|Z|/R = \sqrt{2}$ となり，この周波数が特性の変化する目安の周波数となる．図 4.22 にインピーダンスの大きさ，および位相角の周波数特性を示す．

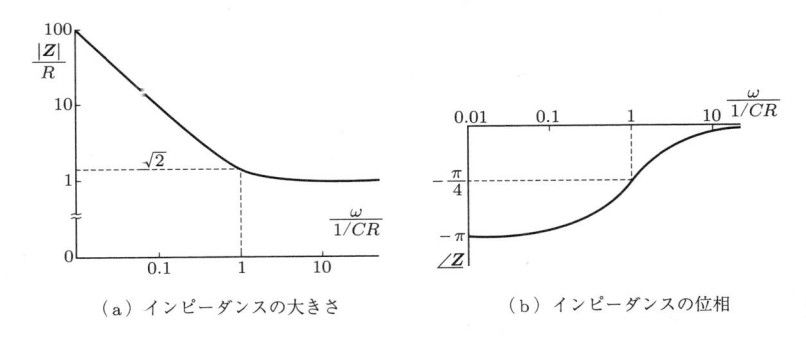

(a) インピーダンスの大きさ　　(b) インピーダンスの位相

図 4.22　RC 直列回路のインピーダンスの周波数特性

例題 4.4

未知の容量性のインピーダンスに直列に抵抗 10 Ω を接続した．抵抗の端子電圧は 10 V であった．未知の容量性のインピーダンスの端子電圧は 5.39 V である．回路に印加した電圧は 13 V であった．未知の容量性のインピーダンスを求め，合成インピーダンスのベクトル図を示せ．

解

回路を流れている電流は

$$I = \frac{V_R}{R} = \frac{10}{10} = 1 \text{ A}$$

であり，未知の容量性インピーダンスを $\boldsymbol{Z} = r - jx_C$ [Ω] とおけば

$$\frac{5.39}{\sqrt{r^2 + x_C^2}} = 1$$

また回路全体では

$$\frac{13}{\sqrt{(10+r)^2 + x_C^2}} = 1$$

その結果

$$\left.\begin{array}{l} r^2 + x_C^2 = 29 \\ (10+r)^2 + x_C^2 = 169 \end{array}\right\}$$

$$\therefore \quad 20r = 40, \quad r = 2 \text{ Ω}$$
$$x_C^2 = 29 - r^2 = 25, \quad x_C = 5 \text{ Ω}$$

(a) 電圧のベクトル合成　　(b) インピーダンスのベクトル合成

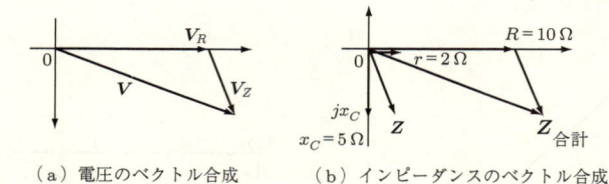

図 4.23　電圧およびインピーダンスのベクトル図

4.6　*RLC* 直列回路

図 4.24 (a) に示す回路のインピーダンスは

$$\boldsymbol{Z} = R + j\omega L + \frac{1}{j\omega C} = R + j\left(\omega L - \frac{1}{\omega C}\right) \tag{4.48}$$

であり，

$$|\boldsymbol{Z}| = \sqrt{R^2 + \left(\omega L - \frac{1}{\omega C}\right)^2} \tag{4.49}$$

$$\angle \boldsymbol{Z} = \tan^{-1}\frac{1}{R}\left(\omega L - \frac{1}{\omega C}\right) \tag{4.50}$$

となり，このインピーダンス $\boldsymbol{Z}$ のベクトル図を図 4.24 (b) に示す．

この回路に電圧 $\boldsymbol{E}$ を印加した場合に，流れる電流 $\boldsymbol{I}$ は

4.6 RLC 直列回路

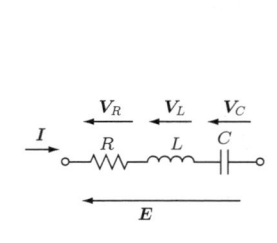

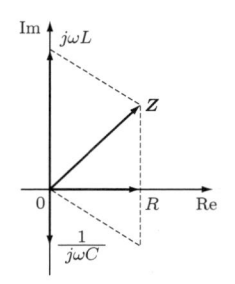

(a) RLC 直列回路　　(b) インピーダンスのベクトル図

図 4.24　RLC 直列回路のインピーダンス

$$I = \frac{E}{R + j\left(\omega L - \dfrac{1}{\omega C}\right)} \tag{4.51}$$

よって，

$$\therefore \quad |I| = \frac{|E|}{\sqrt{R^2 + \left(\omega L - \dfrac{1}{\omega C}\right)^2}} \tag{4.52}$$

$$\angle I = \angle E - \tan^{-1}\frac{1}{R}\left(\omega L - \frac{1}{\omega C}\right) \tag{4.53}$$

である．この周波数特性を図示すると図 4.25 のようになる．このような現象を**共振** (resonance) という．図 4.25 の曲線を**共振曲線**といい，

$$\omega_0 = \frac{1}{\sqrt{LC}} \tag{4.54}$$

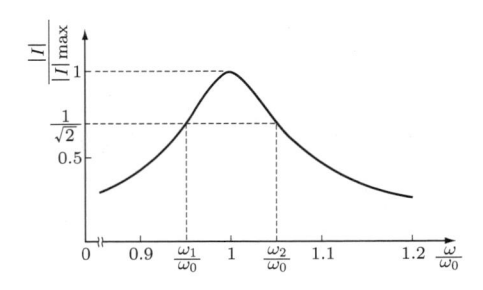

図 4.25　共振曲線

のところで最大を示す．この角周波数 ω_0 を**共振角周波数**$\left(f_0 = \dfrac{\omega_0}{2\pi}\right.$ を共振周波数$\left.\right)$ という．この ω_0 を用いて

$$\boldsymbol{Z} = R\left\{1 + j\frac{\omega_0 L}{R}\left(\frac{\omega}{\omega_0} - \frac{\omega_0}{\omega}\right)\right\} \tag{4.55}$$

と変形することができ，ここで

$$Q = \frac{\omega_0 L}{R} = \frac{1}{R}\sqrt{\frac{L}{C}} \tag{4.56}$$

は回路の共振の鋭さを表し**尖鋭度** (quality factor) という．$|\boldsymbol{I}|/|\boldsymbol{I}|_{\max} = 1/\sqrt{2}$ となる周波数を ω_1, ω_2 とすれば，

$$Q^2\left(\frac{\omega}{\omega_0} - \frac{\omega_0}{\omega}\right)^2 = 1 \tag{4.57}$$

の根が ω_1, ω_2 であって，これより Q は

$$Q = \frac{\omega_0}{\omega_2 - \omega_1} \tag{4.58}$$

と求められる．この Q を用いるとインダクタンスおよび静電容量の共振時における逆起電力は

$$\boldsymbol{V}_L = j\omega L\boldsymbol{I} = j\frac{\omega_0 L}{R}\boldsymbol{E} = jQ\boldsymbol{E} \tag{4.59}$$

$$\boldsymbol{V}_C = \frac{1}{j\omega L}\boldsymbol{I} = -j\frac{\omega_0 L}{R}\frac{\boldsymbol{E}}{R} = -jQ\boldsymbol{E} \tag{4.60}$$

であって

$$\left|\frac{\boldsymbol{V}_L}{\boldsymbol{E}}\right| = \left|\frac{\boldsymbol{V}_C}{\boldsymbol{E}}\right| = Q \tag{4.61}$$

より，L および C の端子電圧は印加した電圧の Q 倍となる．

例題 4.5

RLC 直列回路に，角周波数 ω の正弦波交流電圧 $\boldsymbol{E}$ を印加した．回路に供給される電力はいくらか．

解

RLC 直列回路に流れる電流は，
$$I = \frac{E}{R + j\left(\omega L - \dfrac{1}{\omega C}\right)} \quad [\text{A}]$$
であり，回路の抵抗成分は R であるから，消費電力は
$$P_a = R|I|^2 = \frac{R|E|^2}{R^2 + \left(\omega L - \dfrac{1}{\omega C}\right)^2} \quad [\text{W}]$$
となる．$\omega L = 1/\omega C$ が成立する周波数において，最大値
$$P_{a\,\max} = \frac{|E|^2}{R}$$
となる．

4.7 はしご形回路

図 4.26 のように多くのインピーダンスを直列，並列に交互に接続してある回路をはしご形回路という．このような回路の解析においては，各部分ごとに見た回路が直列または並列に接続されていることにより，次のように考える．

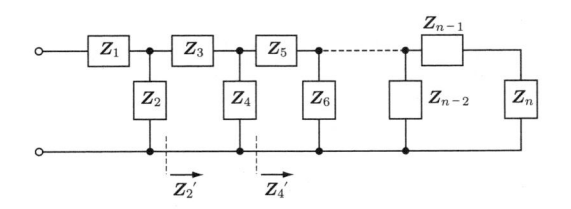

図 4.26 はしご形回路

Z_3 より右の方を見た回路のインピーダンスを Z_2' とすれば，Z_2 と Z_2' は並列に接続されていると考えられ，回路全体のインピーダンスは
$$Z = Z_1 + \frac{1}{\dfrac{1}{Z_2} + \dfrac{1}{Z_2'}}$$
また Z_5 以下を Z_4' とすれば
$$Z_2' = Z_3 + \frac{1}{\dfrac{1}{Z_4} + \dfrac{1}{Z_4'}}$$

である．この方法を最後まで繰り返していくと，

$$Z = Z_1 + \cfrac{1}{Y_2 + \cfrac{1}{Z_3 + \cfrac{1}{Y_4 + \cfrac{1}{Z_5 + \cdots}}}} \quad (4.62)$$

となり，連分数で表される．ここで，

$$Y_2 = \frac{1}{Z_2}, \qquad Y_4 = \frac{1}{Z_4}, \qquad Y_6 = \frac{1}{Z_6}, \qquad \cdots \quad (4.63)$$

である．

例題 4.6

図 4.27 に示すように，無限に長く続いている回路の入力インピーダンスを求めよ．

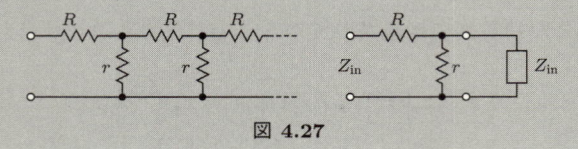

図 4.27

解

回路は無限に続いているので，1 段を取り除いても同じ入力インピーダンスをもっていると考えられるので

$$Z_{in} = R + \cfrac{1}{\cfrac{1}{r} + \cfrac{1}{Z_{in}}}$$

$$Z_{in}^2 - RZ_{in} - Rr = 0$$

$$\therefore \quad Z_{in} = \frac{R}{2}\left(1 + \sqrt{1 + 4\frac{r}{R}}\right) \qquad \text{ただし} \quad Z_{in} > 0$$

と求められる．

4.8 相互誘導を含む回路

図 4.28 に示すように自己インダクタンス L_1, L_2 の二つのコイルが**相互インダクタンス** (mutual inductance) M で磁気的に結合されている回路を考えよ

う．それぞれの端子間に E_1，E_2 なる電圧を加えたとき，流れる電流を I_1，I_2 とする．ここで電流 I_1，I_2 による磁束が同じ方向であれば，この電圧・電流の間に成立する式は

$$\left. \begin{array}{l} E_1 = j\omega L_1 I_1 + j\omega M I_2 \\ E_2 = j\omega M I_1 + j\omega L_2 I_2 \end{array} \right\} \tag{4.64}$$

であり，I_1，I_2 による磁束の方向が逆であれば，M に負号をつけて示せばよい．

結合コイルが図 4.28 (a) のように巻き方向がわかる場合はよいが，一般には同図 (b) のように描いてあるので，端子に ● 印をつけ，● 印の端子から電流が流れ込んだときに磁束が同じ方向になることを示している．

この結合コイルの等価回路を共通帰線の T 形回路で示せば，同図 (c) のように表される．

（a）結合コイル　　（b）結合コイルの回路表現

（c）結合コイルの等価回路

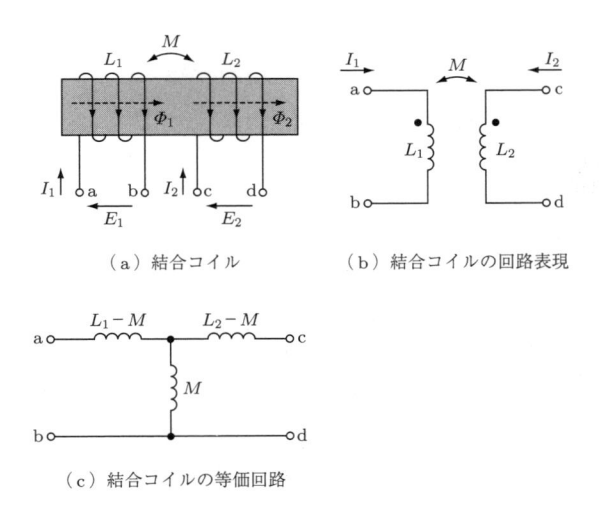

図 **4.28** 結合コイルとその等価回路

4.9 交流ブリッジ回路

回路素子の素子値を測定するのに広く使われているブリッジ回路は図 4.29 に示されるものであり，D は検流計あるいは受信機である．検流計 D に電流が流

れない状態をブリッジが平衡したという．回路が平衡した場合には図 4.29 に示したように電流は

$$I_1 = I_3$$

$$I_2 = I_4$$

となり，また

$$Z_1 I_1 = Z_2 I_2$$

$$Z_3 I_3 = Z_4 I_4$$

である．この結果，次の関係が成立する．

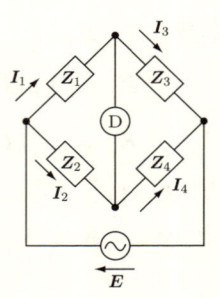

図 4.29 ブリッジ回路

$$\frac{Z_1}{Z_2} = \frac{Z_3}{Z_4} \quad \text{あるいは} \quad Z_1 I_4 = Z_2 I_3 \tag{4.65}$$

これがブリッジの平衡条件であり，Z_i は一般に複素数であるから，実数部と虚数部に分けて，それぞれが等しい二つの条件が得られる．この条件によってインピーダンスを測定することができる．

例題 4.7

図に示すブリッジの平衡条件から R_X, L_X を求めよ．

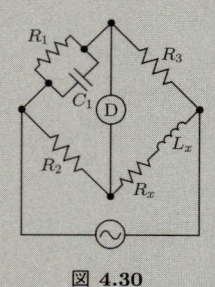

図 4.30

解

このブリッジの回路で

$$Z_1 = \frac{1}{\dfrac{1}{R_1} + j\omega C_1} = \frac{R_1}{1 + j\omega C_1 R_1}$$

$$Z_2 = R_2, \quad Z_3 = R_3, \quad Z_X = R_X + j\omega L_X$$

であるから
$$Z_1 Z_X = Z_2 Z_3$$
$$\frac{R_1}{1+j\omega C_1 R_1}(R_X + j\omega L_X) = R_2 R_3$$
$$R_1 R_X + j\omega L_X R_1 = R_2 R_3 + j\omega C_1 R_1 R_2 R_3$$

これより，実数部と虚数部それぞれについて等しいとおけば

$$\therefore \quad \left. \begin{array}{l} R_1 R_X = R_2 R_3 \\ L_X R_1 = C_1 R_1 R_2 R_3 \end{array} \right\}$$

$$\therefore \quad R_X = \frac{R_2 R_3}{R_1}, \quad L_X = C_1 R_2 R_3$$

演習問題 4

4.1 次の瞬時値で示される電圧のベクトル表示を求め，そのベクトル図を描け．
$$v(t) = 2.83\sin(360t° + 45°) \quad [\text{V}]$$

4.2 次の瞬時値で示される電流のベクトル表示を求め，そのベクトル図を描け．
$$i(t) = 0.0707\sin\left(50\pi t + \frac{\pi}{3}\right) \quad [\text{A}]$$

4.3 電圧が次のようにベクトル表示されている．この電圧の瞬時値表示式を求めよ．
$$\boldsymbol{V} = 15 \angle -45° \quad [\text{V}]$$
ただし，周波数は 50 Hz である．

4.4 電圧が次のように複素数表示されている．この電圧をベクトル表示せよ．この電圧を瞬時値表示せよ．
$$\boldsymbol{V} = 4 + j3 \quad [\text{V}]$$
ただし，角周波数は 100 rad/s である．

4.5 電流が次のように複素数表示されている．この電流をベクトル表示せよ．この電流を瞬時値表示せよ．ただし，周波数は 300 Hz である．
$$\boldsymbol{I} = j3 \quad [\text{A}]$$

4.6 $\ln(-1)$ の値を求めよ．

4.7 次の計算をせよ．
$$v(t) = \sqrt{2}\times 30\sin\left(\omega t + \frac{\pi}{6}\right) + \sqrt{2}\times 40\sin\left(\omega t + \frac{\pi}{3}\right) \quad [\text{V}]$$

4.8 前問の計算をベクトル表示，さらに複素数表示して計算せよ．

4.9 電圧，電流が次に示す瞬時値表示で与えられている．この周波数を求めよ．次にベクトル表示式を求め，同一の図面に図示せよ．

$$v(t) = 7.07 \sin\left(377t + \frac{\pi}{4}\right) \quad [\text{V}]$$
$$i(t) = 0.283 \sin\left(377t - \frac{\pi}{4}\right) \quad [\text{A}]$$

4.10 次の式で与えられる電圧，電流の割り算により，インピーダンスの抵抗成分とリアクタンス成分を求めよ．

$$V = 10\angle 86.9° \quad [\text{V}]$$
$$I = 2\angle 50.0° \quad [\text{A}]$$

4.11 二つのインピーダンス Z_1 と Z_2 が直列に接続されている．印加電圧を 100 V として，各インピーダンスの逆起電力のベクトル図を求めよ．ただし，$Z_1 = 10\,\Omega$, $Z_2 = 3 + j4\,[\Omega]$ とする．

4.12 二つのインピーダンス Z_1 と Z_2 を直列に接続し，電圧 E を印加したところ，電流 I が流れた．$E = 100\angle 45°$ V, $I = 5\angle 60°$ A, $Z_1 = 5 - j5\,[\Omega]$ として，Z_2 を求めよ．

4.13 図 4.31 に示す回路の各枝の電流と消費電力を求めよ．また回路全体の電流を求め，ベクトル図を示せ．

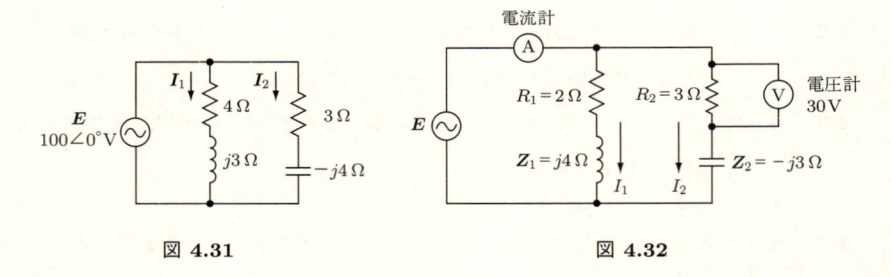

図 4.31

図 4.32

4.14 図 4.32 の回路において，抵抗 R_2 の端子電圧が 30 V であった．回路に印加してある電圧 E と電流計 A の指示値を求めよ．

4.15 図 4.33 の回路の駆動点インピーダンス Z_in を求め，2 個の素子より構成される，等価な回路を求めよ．この回路に $100\angle 0°$ V の電圧源を接続したとき，回路を流れる電流を求めよ．

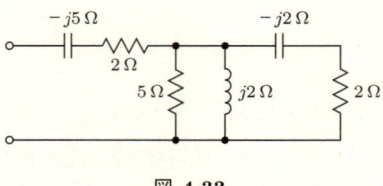

図 4.33

4.16 ある回路に電圧 $e(t) = 100\sin(\omega t + 30°)$ を印加したところ，電流 $i(t) = 5\sin(\omega t - 30°)$ が流れた．回路のインピーダンスを求め，ベクトル電力について考えよ．

4.17 図 4.34 の回路で全消費電力は 1 kW である．各抵抗での消費電力を求めよ．

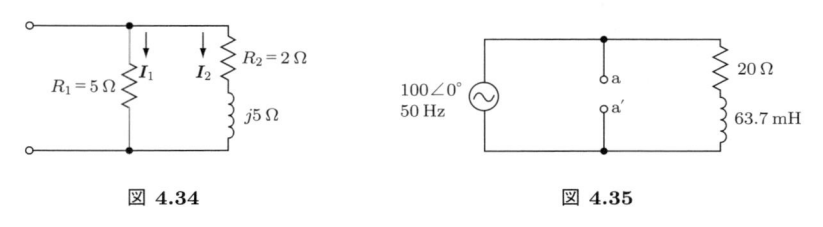

図 4.34

図 4.35

4.18 図 4.35 の回路での消費電力と力率を求めよ．次に端子 aa′ に容量 C を接続して力率を 1 としたい．必要な容量の大きさを求めよ．

4.19 RLC 直列回路のインピーダンスを求め，その大きさを図示せよ．ただし，$R = 1\,\Omega$，$L = 5$ mH，$C = 200\,\mu\mathrm{F}$ であり，共振角周波数を ω_0 として，$0.7\omega_0 \sim 1.3\omega_0$ の間の特性を描け．またこの回路の Q いくらか．

4.20 図 4.36 に示す回路の合成インピーダンスを求め，この回路の端子に電圧 $\boldsymbol{E}$ を印加したとき，流れる電流を求めよ．ただし，$\boldsymbol{Z}_1 = 3 + j4\,[\Omega]$，$\boldsymbol{Z}_2 = 6 + j6\,[\Omega]$，$\boldsymbol{Z}_3 = 9 - j6\,[\Omega]$，$\boldsymbol{E} = 100\angle 60°$ とする．

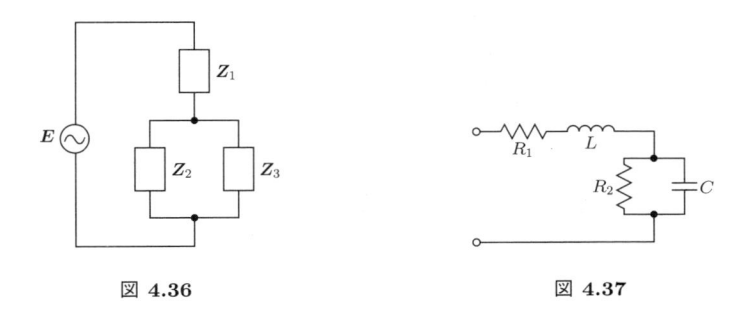

図 4.36

図 4.37

4.21 図 4.37 の回路において，角周波数 ω に対するインピーダンスが純抵抗となった．この場合の C の値を求めよ．

4.22 図 4.38 の回路の合成インピーダンスが純抵抗 R となるための条件を求めよ．

4.23 図 4.39 の回路において，C を変化させたときに，インピーダンスの大きさ $|\boldsymbol{Z}|$ が最大となる C の条件を求めよ．ただし，角周波数は ω とする．またその時の $|\boldsymbol{Z}|$ の値を求めよ．

図 4.38   図 4.39

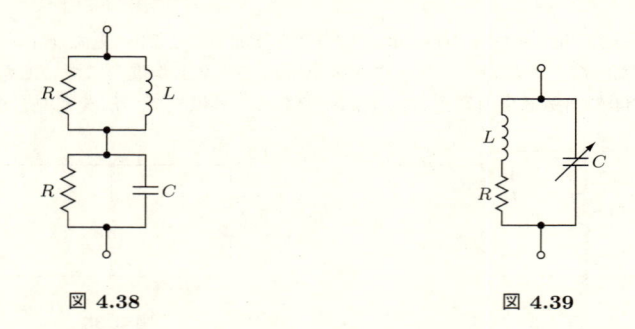

4.24 RLC 直列回路において，電圧 $\boldsymbol{E}$ を印加したときに，回路を流れる電流を求めよ．回路の共振時 (共振角周波数を ω_0 とせよ) における R, L, C の各々の端子電圧を求め，その値を Q で表現せよ．

4.25 内部インピーダンス R_0 をもつ電圧源 $\boldsymbol{E}$ に，負荷 $\boldsymbol{Z}_L = R + j\omega L$ を接続した．R で消費される電力を最大にするためには，R の値をいくらにすればよいか．

4.26 図 4.40 のブリッジの平衡条件を求めよ．それより R_X, C_X を求めよ．

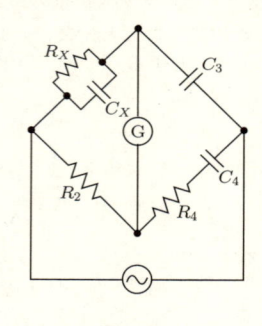

図 4.40

5

電気回路の過渡現象

　この章では，電気回路が定常状態で安定しているときに，電源，回路素子等に急変が生じた場合の取り扱い方法を学ぶ．このような状態を過渡状態とよび，機械系や化学系などにおいても観測される現象である．具体的には回路のスイッチが接続された場合，自動制御の目的値への追随，送電線への落雷現象などと多くの問題が存在する．

　このような現象は，回路内部にエネルギーを蓄積する素子が存在する場合には，微分方程式で記述される．過渡的な状態の電流を求めることは，微分方程式を解くことである．さらに，過渡状態の収束の速さを示す時定数について学ぶ．回路内部にインダクタンスとコンデンサが同時に存在する場合には，応答電流が振動的となる．

5.1　定常解と過渡解

　回路網が安定した状態で動作しているときに，電源・接続・素子値などに急変が生ずると，回路は前の状態とは異なった新しい安定状態で動作することになる．新しい安定状態に移行することは，回路の電圧や電流が変化することを意味している．回路の内部にエネルギーを蓄積する素子が含まれている場合には，安定状態とはかなり異なった現象が観測され，この変化の様子を**過渡現象**という．過渡現象は電気回路のみならず，機械系や化学系においても観測される．電気回路における過渡現象としては，送電線における雷現象，通信回線におけるパルス波形の応答，自動車の点火栓のイグニッション波形，自動制御系における目的値への追従などがあり，多くの分野で重要な問題である．

　電気回路の状態を与える回路方程式は，一般に定係数の線形微分方程式で与えられる．この方程式の特解を i_s，また $e(t) = 0$ としたときの同次方程式の解を i_t とすれば，微分方程式の解は

$$i(t) = i_s(t) + i_t(t) \tag{5.1}$$

となる．

特解 $i_s(t)$ は駆動関数に対応した解であり，正弦波駆動に対しては正弦波応答となり，これを**定常解** (stationary solution) という．これに対して同次方程式の解は，

$$i_t(t) = i_0 \varepsilon^{-\lambda t}$$

として λ が実数部をもつかぎり，時間と共に減少していくことになり (時間と共に増大していく解は，システムの内部でエネルギーの増加または発生が生ずることになり，電気回路では通常考えない)，これを**過渡解** (transient solution) という．

過渡解は同次方程式の解であることからもわかるように，回路に加えられる電源には関係がなく，回路の素子，接続等によって決まるものであって，回路の性質をそのまま表している解である．ゆえに過渡解からも回路の構成を知ることができる．

📖 STUDY

微分方程式

電気回路で過渡現象を解く場合に用いる微分方程式を考えよう．インダクタンスとキャパシタンスが 1 個ずつと抵抗で構成される回路の場合は

$$a\frac{d^2 i(t)}{dt^2} + b\frac{di(t)}{dt} + ci(t) = d(t) \tag{1}$$

となる．この方程式は，右辺を 0 とした同次方程式による一般解と右辺によって定まる特殊解の和として求められる．

ここで，解の形を $i(t) = i_0 \varepsilon^{-\lambda t}$ と仮定すれば，同次方程式の解は，

$$(a\lambda^2 - b\lambda + c)i(t) = 0 \tag{2}$$

より，$i(t) \not\equiv 0$ であるから，

$$a\lambda^2 - b\lambda + c = 0, \quad \text{よって} \quad \lambda_{1,2} = \frac{b \pm \sqrt{b^2 - 4ac}}{2a} \tag{3}$$

また，特殊解は式 (1) の右辺が定数の場合には，時間関数とはならず，$i(t) = d/c$ となり，方程式 (1) の解は

$$i(t) = Ae^{-\lambda_1 t} + Be^{-\lambda_2 t} + \frac{d}{c} \tag{4}$$

となる．ここで A, B は初期条件によって定まる定数である．初期条件を

$$i(0) = 0, \quad \left.\frac{di(t)}{dt}\right|_{t=0} = 0 \tag{5}$$

とすれば，

$$A + B + \frac{d}{c} = 0, \quad -\lambda_1 A - \lambda_2 B = 0$$

この連立方程式を解いて，係数 A, B は次のように求められる．

$$A = \frac{\lambda_2 d}{c(\lambda_1 - \lambda_2)}, \quad B = \frac{\lambda_1 d}{c(\lambda_2 - \lambda_1)} \tag{6}$$

[例] 次の微分方程式を解く．

$$\frac{dx(t)}{dt} + 3x(t) = 6 \quad \text{ただし，} x(0) = 0 \tag{7}$$

右辺を 0 として，解を $x_1(t) = A\varepsilon^{-\lambda t}$ と仮定して，式 (7) に代入すれば，

$$\{(-\lambda) + 3\}x_1(t) = 0$$

よって，$x_1(t) \not\equiv 0$ であるから $\lambda = 3$．また，右辺が定数の場合は，

$$x_2(t) = \frac{6}{3} = 2$$

よって，

$$x(t) = x_1(t) + x_2(t) = A\varepsilon^{-3t} + 2$$

初期条件 $x(0) = 0$ より，$A + 2 = 0$, $A = -2$ ゆえに，解は

$$x(t) = 2\{1 - \varepsilon^{-3t}\}$$

5.2　1 階の微分方程式で表される現象 － RL 回路 －

図 5.1 に示す RL 直列回路において，$t = 0$ においてスイッチ S を閉じて直流電圧 E を印加することを考える．$t = t$ なる瞬間に回路に流れている電流を $i(t)$ とすれば，キルヒホッフの法則を適用すると，次の微分方程式が得られる．

$$L\frac{di(t)}{dt} + Ri(t) = E \qquad (t \geqq 0) \tag{5.2}$$

式 (5.2) を解けば，回路を流れる電流が求められる．前節で述べたように $E = 0$ とした同次方程式の解 (過渡現象を表す解，つまり自由振動の解) と $E \neq 0$ の非同次方程式の解 (定常状態の解であって，強制振動による解を表している) の

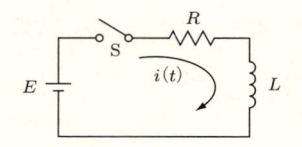

和として，一般解が求められる．

まず $E=0$ として，過渡解 $i_t(t)$ を求める．過渡解として

$$i_t(t) = i_0 \varepsilon^{-\lambda t} \tag{5.3}$$

なる形を仮定して，同次方程式に代入すると

$$L i_0 (-\lambda) \varepsilon^{-\lambda t} + R i_0 \varepsilon^{-\lambda t} = 0 \tag{5.4}$$

が得られる．一般に $i_0 \varepsilon^{-\lambda t} \neq 0$ であるから

$$-\lambda L + R = 0 \tag{5.5}$$

が成立しなければならない．これより

$$\lambda = \frac{R}{L} \tag{5.6}$$

が得られる．ゆえに

$$i_t(t) = i_0 \varepsilon^{-\frac{R}{L}t} \tag{5.7}$$

となる．次に $E \neq 0$ の非同次方程式の解，つまり**定常状態の解** (steady state solution) $i_s(t)$ は

$$i_s(t) = \frac{E}{R} \tag{5.8}$$

右辺が一定値であることから，左辺に時間変化の項が含まれないことは容易にわかる．それゆえ，一般解は

$$i(t) = i_s(t) + i_t(t) = \frac{E}{R} + i_0 \varepsilon^{-\frac{R}{L}t} \tag{5.9}$$

となる．定数 i_0 は，**初期条件** (initial condition) によって定められる．スイッチ S を閉じる前は，回路に電流が流れていないものとすれば，回路にインダクタンスを含んでいるので，スイッチを入れた瞬間において，電流の連続から初

期条件は
$$i(0) = 0 \tag{5.10}$$
となる．よって
$$\frac{E}{R} + i_0 = 0 \qquad \therefore i_0 = -\frac{E}{R} \tag{5.11}$$
となって
$$i(t) = \frac{E}{R}(1 - \varepsilon^{-\frac{R}{L}t}) \qquad (t \geqq 0) \tag{5.12}$$
が求める一般解である．ここで
$$\tau = \frac{L}{R} \qquad [\text{s}] \tag{5.13}$$
を**時定数** (time constant) といい，過渡現象の収束の速さを知る尺度である．$t/\tau = 1$ では最終値の 63.2% の値であり，$t/\tau = 2$ では最終値の 86.5%，$t/\tau = 3$ では 95% の値となる．この時間的に変化する様子を図 5.2 に示す．

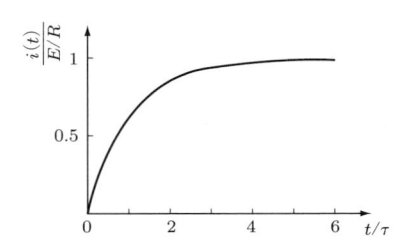

図 5.2 RL 直列回路の過渡電流

RL 直列回路において，各素子に加わる電圧の変化は，次のようにして求められる．
$$\left. \begin{array}{l} v_R(t) = Ri(t) = E(1 - \varepsilon^{-\frac{R}{L}t}) \\ v_L(t) = L\dfrac{di(t)}{dt} = E\varepsilon^{-\frac{R}{L}t} \end{array} \right\} \tag{5.14}$$
となって，いずれも電流と同じ時定数をもっている．

次に各素子における瞬時電力を求める．

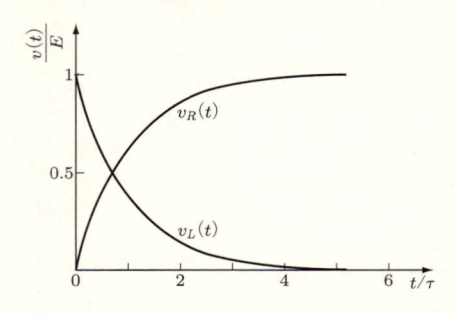

図 5.3　RL の端子電圧の変化　　　　図 5.4　RL における瞬時電力

$$\left.\begin{array}{l} P_R(t) = v_R(t) \cdot i(t) = \dfrac{E^2}{R}(1 - \varepsilon^{-\frac{R}{L}t})^2 \\[2mm] P_L(t) = v_L(t) i(t) = \dfrac{E^2}{R}\varepsilon^{-\frac{R}{L}t}(1 - \varepsilon^{-\frac{R}{L}t}) \end{array}\right\} \quad (5.15)$$

抵抗で消費される電力は，時間と共に増大し，最終値は $P_R(\infty) = E^2/R$ となる．一方，インダクタンスにおいては，磁場に蓄えられるエネルギーとなり，最終的に蓄えられているエネルギーは

$$W_L = \int_0^\infty P_L(t) dt = \frac{E^2}{R}\left[-\frac{L}{R}\varepsilon^{-\frac{R}{L}t} + \frac{L}{2R}\varepsilon^{-2\frac{R}{L}t}\right]_0^\infty$$

$$= \frac{1}{2}L\left(\frac{E}{R}\right)^2 = \frac{1}{2}LI^2 \quad [\mathrm{J}] \quad (5.16)$$

である．

例題 5.1

RL 回路における時定数 τ は，任意の時刻 t_0 において，過渡電流に接線を引き，最終値と交わるまでの時間によって定められる．原点における接線を引いて，上記のことを確かめよ．

解

電流 $i(t)$ の原点における傾きを求める．

$$\left.\frac{di(t)}{dt}\right|_{t=0} = \left.\frac{E}{L}\varepsilon^{-2\frac{R}{L}t}\right|_{t=0} = \frac{E}{L} = \tan\theta$$

接線の方程式は

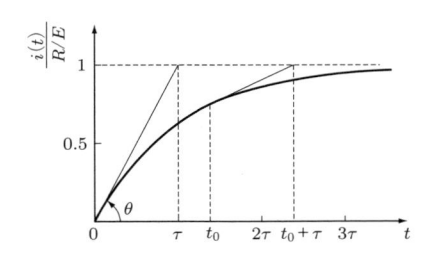

図 5.5 時定数の求め方

$$i = \frac{E}{L}t$$

となり，電流の最終値は，$i_\infty = E/R$ であるから

$$\frac{E}{R} = \frac{E}{L}\tau$$

となって

$$\tau = \frac{L}{R}$$

と求められる．

次に RL 直列回路に電圧が印加されていて，この電源を急に取去る場合を考えよう．図 5.6 の回路において，$t=0$ において，スイッチ S を 1 側に閉じ，$t=T$ において，スイッチ S を 2 側に閉じるものとする．時刻 $t=0$ から $t=T$ までは電圧 E が印加され，$t=T$ から以後は回路が短絡されている．

この場合に，$0 \leqq t \leqq T$ の間では，前例と同じであって，

$$i(t) = \frac{E}{R}(1 - \varepsilon^{-\frac{R}{L}t}) \qquad (0 \leqq t \leqq T) \tag{5.17}$$

である．$t=T$ において回路に流れている電流を I とすれば

$$i(T) = \frac{E}{R}(1 - \varepsilon^{-\frac{R}{L}T}) = I \tag{5.18}$$

となる．$t \geqq T$ で成立する方程式は

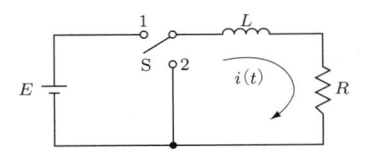

図 5.6 RL 直列回路

$$L\frac{di(t)}{dt} + Ri(t) = 0 \tag{5.19}$$

であるから,$t-T \longrightarrow t$ とおきかえて方程式を解くと

$$i(t) = i_0 \varepsilon^{-\frac{R}{L}t}$$

であり,ここで $t \longrightarrow t-T$ として,$t=T$ における初期条件 $i(T)=I$ を用いると

$$i(t) = I\varepsilon^{-\frac{R}{L}(t-T)} \qquad (t \geqq T) \tag{5.20}$$

と求められる.この電流の変化の様子を図 5.7 に示す.

各素子の端子電圧は

$$\begin{aligned}
v_R(t) &= Ri(t) \\
&= E(1-\varepsilon^{-\frac{R}{L}t}) & (0 \leqq t \leqq T) \\
&= E(1-\varepsilon^{-\frac{R}{L}T})\varepsilon^{-\frac{R}{L}(t-T)} & (t \geqq T)
\end{aligned} \tag{5.21}$$

$$\begin{aligned}
v_L(t) &= L\frac{di(t)}{dt} \\
&= E\varepsilon^{-\frac{R}{L}t} & (0 \leqq t \leqq T) \\
&= -E(1-\varepsilon^{-\frac{R}{L}T})\varepsilon^{-\frac{R}{L}(t-T)} & (t \geqq T)
\end{aligned} \tag{5.22}$$

である.この様子を図 5.8 に示す.

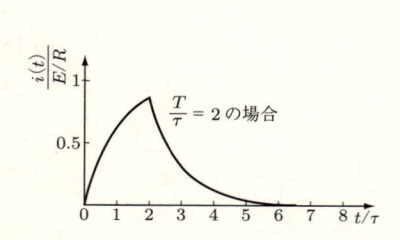

図 5.7 途中でスイッチを切換えた場合の過渡電流

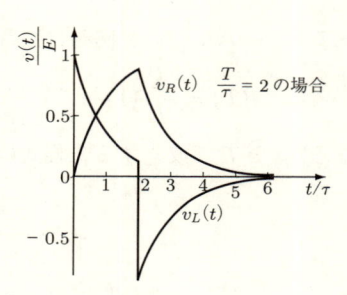

図 5.8 スイッチを途中で切換えた場合の RL の端子電圧

例題 5.2

$t = -\infty$ で RL 直列回路に直流電圧 E が印加されていた．$t = 0$ において電源を切り，RL 直列回路を短絡する．回路の電流を求め，電力について考えよ．

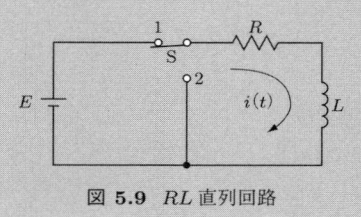

図 5.9 RL 直列回路

解

回路に成立する方程式は
$$L\frac{di(t)}{dt} + Ri(t) = 0 \qquad (t \geqq 0)$$
であって，この解は前と同様に
$$i(t) = i_0 \varepsilon^{-\frac{R}{L}t}$$
と求められる．ここで $t = 0$ で回路に流れていた電流は
$$i(0) = \frac{E}{R} = I_0$$
であって，この結果
$$i(t) = I_0 \varepsilon^{-\frac{R}{L}t}$$
と求められる．各素子の瞬時電力は
$$p_R(t) = v_R(t)i(t) = Ri^2(t)$$
$$= RI_0^2 \varepsilon^{-2\frac{R}{L}t}$$
$$p_L(t) = v_L(t)i(t) = L\frac{di(t)}{dt}i(t)$$
$$= -RI_0^2 \varepsilon^{-2\frac{R}{L}t}$$
となって，
$$P = p_R(t) + p_L(t) = 0$$
である．一方抵抗で消費されるエネルギーについては
$$W_R = \int_0^T p_R(t)dt = \frac{1}{2}LI_0^2(1 - \varepsilon^{-2\frac{R}{L}T})$$
であり，インダクタンスに蓄えられているエネルギーは
$$W_L = \int_0^T p_L(t)dt = -\frac{1}{2}LI_0^2(1 - \varepsilon^{-2\frac{R}{L}T})$$

となり，
$$W = W_R + W_L = 0$$
である．回路全体としてエネルギー源をもっていないので，インダクタンス L に蓄えられていたエネルギーが放出され，$t = \infty$ では
$$W_L = -\frac{1}{2}LI_0^2$$
となって，すべての磁気エネルギーを放出し，一方，抵抗で消費されるエネルギーは $t = \infty$ で
$$W_R|_{t \to \infty} = \frac{1}{2}LI_0^2$$
であり，このエネルギーが抵抗において熱となる．

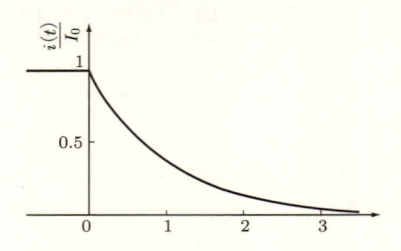

図 5.10 RL 直列回路の過渡電流

5.3 1階の微分方程式で表される現象 －RC回路－

図 5.11 に示す RC 直列回路について考えてみよう．$t = 0$ でスイッチ S を閉じれば，この回路にキルヒホッフの電圧則を適用すると，微分方程式は

$$Ri(t) + \frac{1}{C}\int i(t)dt = E \qquad (t \geqq 0) \tag{5.23}$$

と求められる．しかし，この方程式には積分の項がある．電荷と電流の関係を用いて

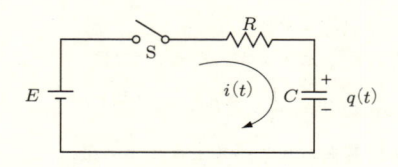

図 5.11 RC 直列回路

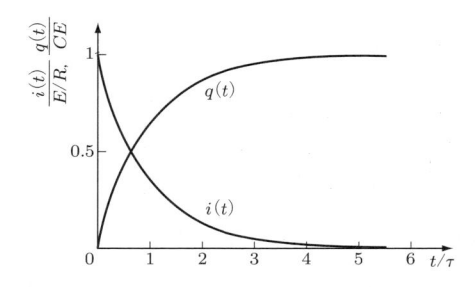

図 5.12 RC 回路において C に蓄えられる電荷と回路を流れる電流

$$i(t) = \frac{dq(t)}{dt} \tag{5.24}$$

であって，この関係により

$$R\frac{dq(t)}{dt} + \frac{1}{C}q(t) = E \tag{5.25}$$

となる．方程式は RL 回路の場合とまったく同形になり，定常解も含めて一般解は

$$q(t) = CE + q_0 \varepsilon^{-\frac{t}{RC}} \qquad (t \geqq 0) \tag{5.26}$$

と求められる．$t=0$ において，コンデンサに蓄えられている電荷はないものとすれば，電荷量は急変できないので，

$$q(0) = CE + q_0 = 0 \tag{5.27}$$

となって，

$$q_0 = -CE \tag{5.28}$$

と求められる．この結果，コンデンサの電荷の時間変化は

$$q(t) = CE(1 - \varepsilon^{-\frac{t}{RC}}) \qquad (t \geqq 0) \tag{5.29}$$

となる．これより回路を流れる電流は

$$i(t) = \frac{dq(t)}{dt} = \frac{E}{R}\varepsilon^{-\frac{t}{RC}} \qquad (t \geqq 0) \tag{5.30}$$

となる．この回路の時定数は

$$\tau = RC \tag{5.31}$$

である.

各素子の端子電圧は

$$
\left.\begin{array}{l}
v_R(t) = Ri(t) = E\varepsilon^{-\frac{t}{RC}} \\
v_C(t) = \dfrac{1}{C}q(t) = E(1 - \varepsilon^{-\frac{t}{RC}})
\end{array}\right\} \quad (5.32)
$$

であり,図 5.13 に示す.各素子の瞬時電力は

$$
\left.\begin{array}{l}
p_R(t) = v_R(t)i(t) = \dfrac{E^2}{R}\varepsilon^{-2\frac{t}{RC}} \\
p_C(t) = v_C(t)i(t) = \dfrac{E^2}{R}\varepsilon^{-\frac{t}{RC}}(1 - \varepsilon^{-\frac{t}{RC}})
\end{array}\right\} \quad (5.33)
$$

と求められ,図 5.14 に示す.抵抗において消費されるエネルギーは

$$
\begin{aligned}
W_R &= \int_0^T p_R(t)dt = \frac{E^2}{R}\frac{-RC}{2}\left[\varepsilon^{-2\frac{t}{RC}}\right]_0^T \\
&= \frac{1}{2}CE^2(1 - \varepsilon^{-2\frac{T}{RC}})
\end{aligned} \quad (5.34)
$$

となり,$t = \infty$ までの全消費電力は

$$
W_{R\infty} = \frac{1}{2}CE^2 \quad (5.35)
$$

である.またコンデンサに蓄えられるエネルギーは

$$
\begin{aligned}
W_C &= \int_0^T p_C(t)dt = \frac{E^2}{R}\left[-RC\varepsilon^{-\frac{t}{RC}} + \frac{RC}{2}\varepsilon^{-2\frac{t}{RC}}\right]_0^T \\
&= \frac{1}{2}CE^2\left[1 - 2\varepsilon^{-\frac{T}{RC}} + \varepsilon^{-\frac{2T}{RC}}\right]
\end{aligned} \quad (5.36)
$$

となって,最終的に蓄えられるエネルギーは

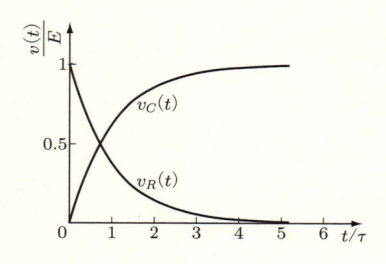

図 5.13 各素子の端子電圧

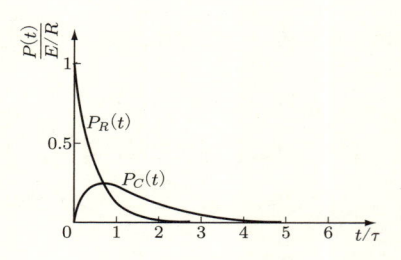

図 5.14 各素子の瞬時電力

$$W_{C\infty} = \frac{1}{2}CE^2 \tag{5.37}$$

となる．

例題 5.3

$t = 0$ において，コンデンサ C に電荷 Q_0 が蓄えられている．これを抵抗 R を通して放電する場合を考えよ．

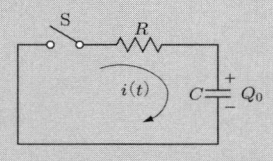

図 5.15 RC 直列回路

解

回路方程式は
$$Ri(t) + \frac{1}{C}\int i(t)dt = 0$$
であって，
$$i(t) = \frac{dq(t)}{dt}$$
を代入すると
$$R\frac{dq(t)}{dt} + \frac{1}{C}q(t) = 0$$
となり，この解は
$$q(t) = q_0 \varepsilon^{-\frac{t}{RC}}$$
となる．初期条件より
$$q(0) = q_0 = Q_0$$
であるから
$$q(t) = Q_0 \varepsilon^{-\frac{t}{RC}}$$
$$i(t) = -\frac{Q_0}{RC}\varepsilon^{-\frac{t}{RC}}$$
を得る．電流の符号が負となっているのは，電荷が減少する方向に電流が流れることを示している．この時にコンデンサに蓄えられている瞬時電力は
$$p_C(t) = v_C(t) \cdot i(t) = -\frac{Q_0^2}{RC^2}\varepsilon^{-2\frac{t}{RC}}$$
である．負号はコンデンサから放出される電力であることを示している．蓄えられているエネルギーは

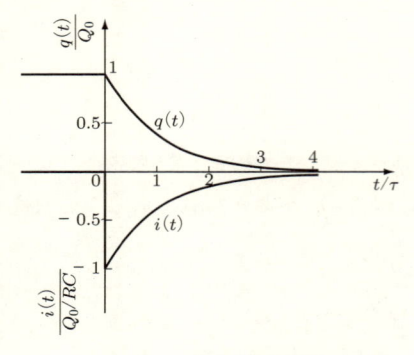

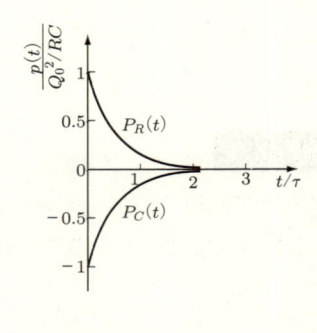

(a) 電荷と電流

(b) 電力

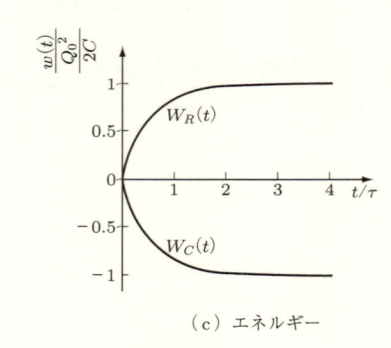

(c) エネルギー

図 5.16 RC 直列回路

$$w_C(T) = \int_0^T p_C(t)dt = -\frac{Q_0^2}{RC^2}\left(-\frac{RC}{2}\right)\left[\varepsilon^{-2\frac{t}{RC}}\right]_0^T$$
$$= \frac{1}{2}\frac{Q_0^2}{C}\left\{\varepsilon^{-2\frac{T}{RC}} - 1\right\}$$

ここで $w_C(T)$ が負の値を持つのは，コンデンサからエネルギーが放出されていることを示し，$T \to \infty$ の時には $w_C(\infty) = -\frac{1}{2}\frac{Q_0^2}{C}$ となる．同様に抵抗については

$$p_R(t) = v_R(t)i(t) = \frac{Q_0^2}{RC^2}\varepsilon^{-2\frac{t}{RC}}$$
$$w_R(T) = \int_0^T p_R(t)dt = \frac{Q_0^2}{RC^2}\left(-\frac{RC}{2}\right)\left[\varepsilon^{-2\frac{t}{RC}}\right]_0^T$$
$$= \frac{1}{2}\frac{Q_0^2}{C}\left\{1 - \varepsilon^{-2\frac{T}{RC}}\right\}$$

となって，

$$p(t) = p_C(t) + p_R(t) = 0$$

$$w(t) = w_C(t) + w_R(t) = 0$$

である．

5.4 2階の微分方程式で表される現象

インダクタンス L と容量 C の両者が含まれている回路においては，インダクタンス L に蓄えられる**磁気エネルギー** (magnetic energy) と容量 C に蓄えられる**静電エネルギー** (static energy) の間にエネルギーの相互変換が行われる．このような回路の過渡現象においては，印加する電圧が直流であっても，応答電流が振動的になることがある．

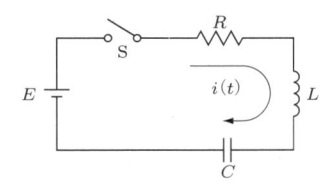

図 5.17 RLC 直列回路の過渡現象

図 5.17 に示すような RLC 直列回路において，$t=0$ なる時刻において，スイッチ S を閉じて直流電圧 E を印加する．キルヒホッフの電圧則によって，$t \geqq 0$ において成立する積・微分方程式は

$$Ri(t) + L\frac{di(t)}{dt} + \frac{1}{C}\int i(t)dt = E \qquad (t \geqq 0) \tag{5.38}$$

となる．ここで，容量 C に蓄えられる電荷は

$$q(t) = \int i(t)dt \tag{5.39}$$

であることから，

$$i(t) = \frac{dq(t)}{dt}, \qquad \frac{di(t)}{dt} = \frac{d^2q(t)}{dt^2} \tag{5.40}$$

なる関係を用いて，

$$L\frac{d^2q(t)}{dt^2} + R\frac{dq(t)}{dt} + \frac{1}{C}q(t) = E \qquad (t \geqq 0) \tag{5.41}$$

となる．これは 2 階の線形非同次方程式である．

式 (5.41) の過渡解は，同次方程式に

$$q(t) = q_0 \varepsilon^{-\lambda t} \tag{5.42}$$

なる解を仮定して，代入すれば，

$$\left(\lambda^2 L - \lambda R + \frac{1}{C}\right) q_0 \varepsilon^{-\lambda t} = 0 \tag{5.43}$$

である．この方程式の係数は定数であるから $q(t) \not\equiv 0$ として

$$\lambda_{1,2} = \frac{R \pm \sqrt{R^2 - 4L/C}}{2L} \tag{5.44}$$

を得る．ここで，

$$\alpha = \frac{R}{2L}, \qquad \beta = \frac{\sqrt{R^2 - 4L/C}}{2L} \tag{5.45}$$

とおけば，

$$R^2 \gtreqless 4\frac{L}{C} \tag{5.46}$$

によって，解はそれぞれ**非振動 (過制動)**，**臨界制動**，**振動 (非制動)** の場合に分けられる．

$R^2 > 4L/C$ の場合には，β は実数となり，λ_1, λ_2 は相異なる実根である．解は過制動の場合を表している．定常状態，つまり非同次方程式の特解は

$$q_s(t) = CE \tag{5.47}$$

である．よって，

$$\left.\begin{aligned}
q(t) &= CE + q_{01}\varepsilon^{-\lambda_1 t} + q_{02}\varepsilon^{-\lambda_2 t} \\
i(t) &= \frac{dq(t)}{dt} = -q_{01}\lambda_1 \varepsilon^{-\lambda_1 t} - q_{02}\lambda_2 \varepsilon^{-\lambda_2 t}
\end{aligned}\right\} \tag{5.48}$$

となる．初期条件として，$t = 0$ において

$$q(0) = 0, \qquad i(0) = 0, \qquad (t = 0) \tag{5.49}$$

を考えると，

$$\left.\begin{aligned}
CE + q_{01} + q_{02} &= 0 \\
q_{01}\lambda_1 + q_{02}\lambda_2 &= 0
\end{aligned}\right\} \tag{5.50}$$

となり，これより定数は

$$
\left.\begin{aligned}
q_{01} &= \frac{CE\lambda_2}{\lambda_1 - \lambda_2} = \frac{\alpha - \beta}{2\beta}CE \\
q_{02} &= \frac{CE\lambda_1}{\lambda_2 - \lambda_1} = \frac{\alpha + \beta}{-2\beta}CE
\end{aligned}\right\} \tag{5.51}
$$

と求められる．この値を代入して

$$
\begin{aligned}
q(t) &= CE + \frac{\alpha - \beta}{2\beta}CE\varepsilon^{-\lambda_1 t} - \frac{\alpha + \beta}{2\beta}CE\varepsilon^{-\lambda_2 t} \\
&= CE\left\{1 + \varepsilon^{-\alpha t}\left(\frac{\alpha - \beta}{2\beta}\varepsilon^{-\beta t} - \frac{\alpha + \beta}{2\beta}\varepsilon^{+\beta t}\right)\right\} \\
&= CE\left\{1 - \varepsilon^{-\alpha t}\left(\cosh\beta t + \frac{\alpha}{\beta}\sinh\beta t\right)\right\}
\end{aligned} \tag{5.52}
$$

$$
i(t) = CE\frac{\alpha^2 - \beta^2}{\beta}\varepsilon^{-\alpha t}\sinh\beta t \tag{5.53}
$$

となる (図 5.18)．

$R^2 = 4L/C$ の場合は，$\lambda_1 = \lambda_2$ となり**臨界制動**であって，この解は

$$
q(t) = CE\{1 - \varepsilon^{-\alpha t}(1 + \alpha t)\} \tag{5.54}
$$

$$
i(t) = \alpha^2 CEt\varepsilon^{-\alpha t} \tag{5.55}
$$

となる (図 5.19)．

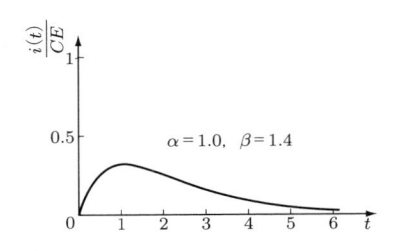

図 **5.18** RLC 直列回路の過渡電流 ($R^2 > 4L/C$ の場合)

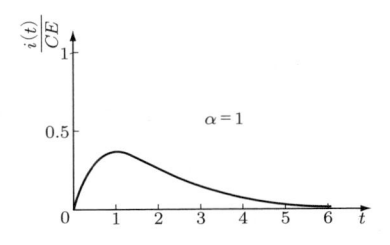

図 **5.19** RLC 直列回路の過渡電流 ($R^2 = 4L/C$ の場合)

$R^2 < 4L/C$ の場合には，振動的な解が得られる．

$$
\beta = \frac{\sqrt{4L/C - R^2}}{2L} \tag{5.56}
$$

とおくことによって
$$\lambda_{1,2} = \alpha \pm j\beta \tag{5.57}$$
と共役な複素数で表せる．その結果
$$q(t) = CE\left\{1 - \frac{\omega_0^2}{\beta}\varepsilon^{-\alpha t}\sin(\beta t + \phi)\right\} \tag{5.58}$$
$$i(t) = CE\frac{\omega_0^2}{\beta}\varepsilon^{-\alpha t}\sin\beta t \tag{5.59}$$
ただし
$$\phi = \tan^{-1}\frac{\beta}{\alpha}, \qquad \omega_0 = \frac{1}{\sqrt{LC}} \tag{5.60}$$
となる（図 5.20）．

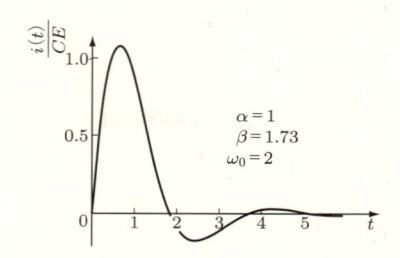

図 5.20　RLC 直列回路の過渡電流（$R^2 < 4L/C$ の場合）

例題 5.4

RLC 直列回路の過渡現象が振動的になった．振動の周期と回路の素子値の間の関係を求めよ．

解

回路を流れる電流は式 (5.59) より
$$i(t) = CE\frac{\omega_0^2}{\beta}\varepsilon^{-\alpha t}\sin\beta t$$
である．周期を T として，電流が 0 となる時間間隙は
$$\beta\frac{T}{2} = \pi$$
より求められる．よって，

$$T = \frac{4\pi L}{\sqrt{4L/C - R^2}}$$

となる．

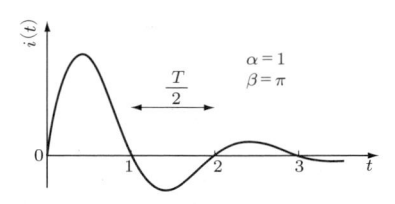

図 5.21 振動的な過渡現象の周期

演習問題 5

5.1 RL 直列回路において，スイッチは $t = 0$ において閉じられ，電源は直流電圧 E が印加された．この現象を表す方程式が次の微分方程式である．この方程式を解け．

$$L\frac{di(t)}{dt} + Ri(t) = E$$

5.2 式 (5.13) で示される時定数とは，どのようなことを示しているか．

5.3 インダクタンス $L = 1$ mH，抵抗 $R = 100$ Ω の直列回路の時定数を求めよ．

5.4 RL 直列回路において，抵抗が 1 kΩ である．時定数が 1 ms である．インダクタンス L はいくらか．

5.5 RL 直列回路において，時定数が 10 ms である．回路に $t = 0$ で直流電圧が印加された．回路を流れる電流が最終値の 95％ となる時間を求めよ．

5.6 RL 直列回路において，時定数が 1 ms である．$t = 0$ において回路に直流電圧を印加した．$t = 5$ ms において回路を流れる電流は最終値の何％となるか．

5.7 RC 直列回路の時定数を求めよ．

5.8 RC 直列回路の時定数が 1 ms である．コンデンサ C の値が 0.1 μF である．抵抗 R の値はいくらか．

5.9 RC 直列回路において，$t = 0$ において直流電圧が印加された．コンデンサの端子電圧が $t = 1$ ms において最終値の 90％ となった．この回路の時定数を求めよ．

5.10 RC 直列回路のコンデンサの端子電圧を測定すると，積分回路として動作する．パルス幅 T と回路の時定数 τ の間に，積分回路として動作するための条件を求めよ．パルス幅の時刻に出力電圧がパルス振幅の 20％ となる場合の T と τ の関係を求めよ (図 5.22)．

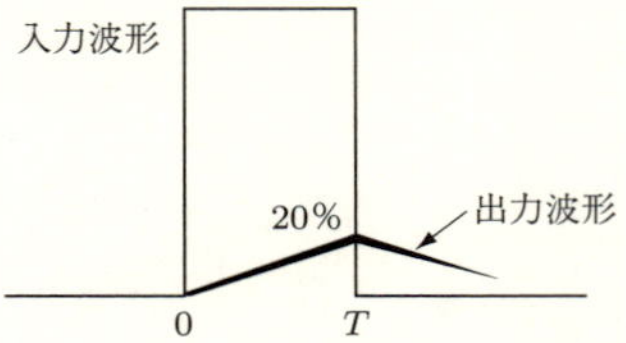

図 5.22

5.11 RL 直列回路に, $t = 0$ において $E = 100$ V の直流電圧を印加した. $R = 20\,\Omega$, $L = 10$ H として次の問いに答えよ. ただし $t = 0$ では回路に電流は流れていない.
 i) 回路を流れる電流を求めよ.
 ii) 抵抗の端子電圧 $v_R(t)$ とインダクタンスの端子電圧 $v_L(t)$ が等しくなる時刻を求めよ.
 iii) $t = 0.1$ s における電流を求めよ.
 iv) 時定数 τ を求めよ.
 v) $t/\tau = 1, 2, 3, 4, 5$ における電流の最終値に対する値を求めよ.

5.12 前問において, 次の問に答えよ.
 i) 抵抗で消費される瞬時電力を求めよ.
 ii) インダクタンスに加えられる瞬時電力を求めよ.
 iii) インダクタンスに蓄えられている磁気エネルギーを求めよ.
 iv) iii) で求めた値の $t = \infty$ における値はいくらか.

5.13 RL 直列回路で $t = 0$ において, $E = 100$ V の直流電圧を印加した. $t = T$ において, 電源電圧を 50 V に切りかえた. $t = 0$ においては回路に電流は流れていない. $R = 100\,\Omega$, $L = 10$ H として次の問に答えよ.
 i) $T = 0.05$ s として回路に流れる電流を求めよ.
 ii) $T = 0.3$ s として回路に流れる電流を求めよ.
 iii) T においてスイッチを切りかえたところ, $t \geqq 0$ において過渡現象が発生しないことがあるか.
 iv) 上記の結果を図示せよ.

5.14 前問において $t = T$ において切り換えた電圧は -50 V とする.
 i) $T = 0.1$ s として, 回路を流れる電流を求めよ.
 ii) 回路を流れる電流が 0 となる時刻を求めよ.
 iii) 上記の結果を図示せよ.

5.15 RC 直列回路において, $t = 0$ で直流電圧 $E = 50$ V を印加した. $R = 1\,\text{k}\Omega$, $C = 200\,\mu\text{F}$ とし, $t = 0$ で容量 C には電荷は蓄えられていない.
 i) 回路を流れる電流を求めよ.
 ii) $t = 0.1, 0.2, 0.3, 0.4, 0.5$ s に対する電流値を求めよ.
 iii) 抵抗 R と容量 C の端子電圧を求めよ.
 iv) 時定数を求めよ.

v) 抵抗 R で消費される瞬時電力を求めよ.
vi) 抵抗 R で消費される全エネルギーはいくらか.
vii) 容量 C に蓄えられる瞬時電力を求めよ.

5.16 RC 直列回路において,$t=0$ で直流電圧 $E=100$ V を印加した.$R=500\,\Omega$,$C=100\,\mu\text{F}$ とし,$t=0$ で容量 C には電荷 $Q_0=5$ mC が蓄えられていた.Q_0 の向きを考えて,2通りの場合の電荷の変化の様子を求めよ.

5.17 図 5.23 に示す回路において,$t=0$ でスイッチ S を閉じた.各枝を流れる電流を求めよ.ただし,$t=0$ において,容量 C には電荷は蓄えられていないものとする.

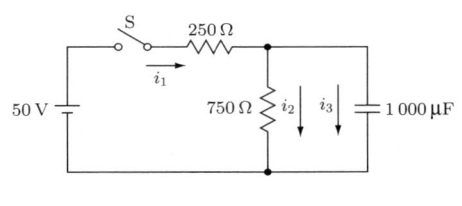

図 5.23

5.18 RC 直列回路において,$t=0$ で容量 C に容量 Q_0 が蓄えられていた.スイッチ S を $t=0$ において閉じるものとして,次の問に答えよ.ただし $R=100\,\Omega$,$C=100\,\mu\text{F}$ とする.
i) $Q_0=50\,\mu\text{C}$ として,回路を流れる電流を求めよ.
ii) 前問において,$t=0$ において,容量 C に蓄えられているエネルギーはいくらか.
iii) i) において,抵抗 R で消費される瞬時電力を求めよ.
iv) 抵抗 R で消費される全電力を求めよ.
v) 抵抗 R で消費される瞬時電力が $p_R(t)=0.01\varepsilon^{-200t}$ W で与えられるときには,容量 C に最初に蓄えられていた電荷 Q_0 はいくらか.

5.19 図 5.24 の回路において,$t=0$ でスイッチ S を閉じたとき,$t=0$ から一定の電流が流れる (過渡状態の生じない) 条件を求めよ.ただし,$t=0$ において,回路は静止の状態にあったものとする.

5.20 図 5.25 の回路において,スイッチ S を閉じて,電圧 E を印加するとき,回路を流れる過渡電流が振動的となる条件を求め,そのときの振動の周波数を求めよ.

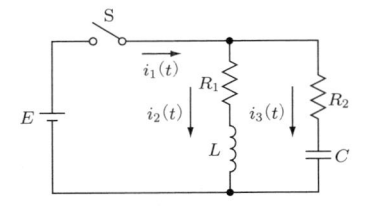

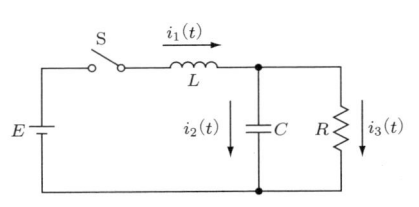

図 5.24 図 5.25

6 電荷と電界

　この章では，電気磁気の初歩である静電気について学ぶ．電荷が存在する周囲の空間では，他の電荷に及ぼす力（クーロンの法則として記述される）が観測される．これは日常的にも観測される現象であり，この場の性質を理解する．この場は電界が存在するとして表現され，電界は大きさと方向をもつベクトル量である．この場の任意の点の無限遠点に対する位置の量が電位であり，二点間の電位の差を電位差あるいは電圧という．この電位差は空間的に定義されるので，回路の電位差に比べて理解し難いが，電磁気の初歩として，十分に理解するように努めていただきたい．

　この電荷を蓄積する回路素子がコンデンサである．蓄積される電荷とコンデンサの端子の電位差が静電容量であり，各種の形状のコンデンサの容量を導出する．

6.1　電荷とクーロンの法則

　よく乾いたガラス棒を絹布でこすると，ガラス棒が紙片などの軽い物体を引きつける現象は，紀元前から観測されていた．このような性質をもつとき，その物質は**帯電** (electrification) したといい，帯電体のもつ電気を**電荷** (electric charge) という．電荷の単位は**クーロン** [C] である．電荷は2種類あり，一方を正（または陽，+），他方を負（または陰，-）とする．電荷が幾何学的に点と考えられるときに，これを**点電荷**という．

　電荷は正か負のいずれかの値をもち，空間的な方向には無関係である．最も小さな電荷をもつ帯電体の単位としては，負の電荷をもつ**電子** (electron) であって，その電荷と質量は次の通りである．

$$\left.\begin{array}{l} e = -1.602 \times 10^{-19} \text{ C} \\ m = 9.109 \times 10^{-31} \text{ kg} \end{array}\right\} \tag{6.1}$$

二つの点電荷の間には，両点電荷を結ぶ直線上に力が作用し，その力の大きさは，おのおののもつ電荷の積に比例し，その距離の2乗に反比例する．その方向は，同種の電荷であれば互いに反発し，異種の電荷では互いに引き合う．これを**クーロンの法則**という．

$$F = k\frac{Q_1 Q_2}{r^2} \quad [\text{N}] \tag{6.2}$$

$$k = \frac{1}{4\pi\varepsilon_0} = 8.988 \times 10^9 \fallingdotseq 9 \times 10^9 \quad \text{N} \cdot \text{m}^2/\text{C}^2 \tag{6.3}$$

である．ここで ε_0 は真空の**誘電率** (dielectric costant) とよばれるものであって，c_0 を真空中の**光の速度**として，次の式で与えられる．

$$\varepsilon_0 = \frac{10^7}{4\pi c_0^2} \fallingdotseq 8.854 \times 10^{-12} \quad \text{F/m} \tag{6.4}$$

もし，電荷が**比誘電率** ε_r (真空に比べて ε_r 倍の誘電的な性質を有している) である誘電体の中にあるとすれば，力は真空中の $1/\varepsilon_r$ となり，クーロンの法則は

$$F = \frac{1}{4\pi\varepsilon_0 \varepsilon_r} \frac{Q_1 Q_2}{r^2} \quad [\text{N}] \tag{6.5}$$

となる．

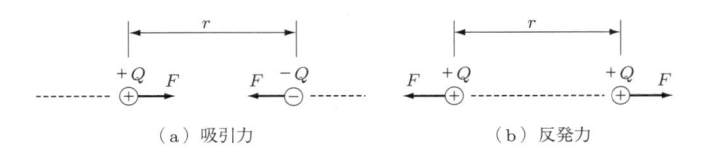

(a) 吸引力　　　　　(b) 反発力

図 6.1 クーロン力

表 6.1 誘電体の比誘電率

物質 (1気圧, 20°C)	ε_r	物質 (1気圧, 20°C)	ε_r
空気 (乾燥)	1.000536	鉛ガラス	6.9
水	80.4	大理石	8.
エチルアルコール	24.3	土 (乾燥)	3.
クラフト紙	2.9	ポリエチレン	2.25〜2.35
パラフィン	2.2	ポリスチレン	2.45〜2.65
ゴム (天然)	2.4	ポリ塩化ビニール	2.8〜3.6
アルミナ	8.5	エポキシ樹脂	3.5〜5.0
雲母	7.0	シリコン樹脂	3.5〜6.3

例題 6.1

水素原子は原子核が $+e$ の電荷をもち,電子が1個そのまわりをまわっていると考えられる.電子までの平均距離を r として,その間に働く力を求めよ.

また原子核の質量を m_p, 電子の質量を m_e としてこの間に働く万有引力はいくらか.ただし,$e = 1.60 \times 10^{-19}$ [C], $m_p = 1.67 \times 10^{-27}$ [kg], $m_e = 9.11 \times 10^{-31}$ [kg], $r = 5.3 \times 10^{-11}$ [m], $G = 6.67 \times 10^{-11}$ [N·m^2/kg^2] である.

解

クーロン力は
$$F_q = \frac{e^2}{4\pi\varepsilon_0 r^2} = 9 \times 10^9 \times \frac{(1.60 \times 10^{-19})^2}{(5.3 \times 10^{-11})^2} = 8.2 \times 10^{-8} \quad [\text{N}]$$

であり,万有引力は
$$F_g = G\frac{m_p \cdot m_e}{r^2} = 6.67 \times 10^{-11} \times \frac{1.67 \times 10^{-27} \times 9.11 \times 10^{-31}}{(5.3 \times 10^{-11})^2}$$
$$= 3.61 \times 10^{-47} \quad [\text{N}]$$

となって
$$\frac{F_q}{F_g} = 2.27 \times 10^{39}$$

のようにクーロン力の方が大きい.

📖 STUDY

ベクトル

電荷に働く力は大きさと方向をもっている.次の節で述べる電界や第7章で述べる磁界が大きさと方向をもっている.これらのベクトル量の演算について復習する.

物理量には,時間や温度,質量などのように大きさだけで表現できるスカラー量と,力や速度,電界などのように大きさと同時に方向をもつベクトル量がある.

ベクトル量は通常 $\boldsymbol{A}$ のような太字で表す.A の上に $\rightarrow$ を付けて $\overrightarrow{A}$ で表すこともある.ここでは x, y, z 方向に成分をもつ3次元のベクトルを考えよう.とくに大きさが1のベクトルを単位ベクトルという.$\boldsymbol{i}, \boldsymbol{j}, \boldsymbol{k}$ をそれぞれ x, y, z 方向の単位ベクトル,ベクトル $\boldsymbol{A}$ の x, y, z 方向の成分を A_x, A_y, A_z とすると,

$$\boldsymbol{A} = \boldsymbol{i}A_x + \boldsymbol{j}A_y + \boldsymbol{k}A_z \tag{1}$$

となり，ベクトル $\boldsymbol{A}$ の大きさ $|\boldsymbol{A}|$ は，$|\boldsymbol{A}| = \sqrt{A_x^2 + A_y^2 + A_z^2}$ である．

ベクトル $\boldsymbol{A}\,(=\boldsymbol{i}A_x + \boldsymbol{j}A_y + \boldsymbol{k}A_z)$ と $\boldsymbol{B}\,(=\boldsymbol{i}B_x + \boldsymbol{j}B_y + \boldsymbol{k}B_z)$ の和および差は，複素数の計算と同じように求められる．

$$\boldsymbol{A} \pm \boldsymbol{B} = \boldsymbol{i}(A_x \pm B_x) + \boldsymbol{j}(A_y \pm B_y) + \boldsymbol{k}(A_z \pm B_z) \tag{2}$$

ベクトルの積には，スカラー積（内積ともいう）とベクトル積（外積ともいう）がある．スカラー積は

$$\boldsymbol{A} \cdot \boldsymbol{B} = A_x B_x + A_y B_y + A_z B_z \tag{3}$$

で定義される．積の値はスカラー量である．とくに単位ベクトルどうしのスカラー積は次式となる．

$$\boldsymbol{i} \cdot \boldsymbol{i} = \boldsymbol{j} \cdot \boldsymbol{j} = \boldsymbol{k} \cdot \boldsymbol{k} = 1 \tag{4}$$

二つのベクトル $\boldsymbol{A}$, $\boldsymbol{B}$ のなす角を θ とすれば，スカラー積は次式となる．

$$\boldsymbol{A} \cdot \boldsymbol{B} = |\boldsymbol{A}||\boldsymbol{B}|\cos\theta \tag{5}$$

ベクトル積は

$$\boldsymbol{A} \times \boldsymbol{B} = \boldsymbol{i}(A_y B_z - A_z B_y) + \boldsymbol{j}(A_z B_x - A_x B_z) + \boldsymbol{k}(A_x B_y - A_y B_x) \tag{6}$$

で定義される．$\boldsymbol{A} \times \boldsymbol{B}$ はまたベクトル量である．またベクトル積の大きさ $|\boldsymbol{A} \times \boldsymbol{B}|$ は次式となる．

$$|\boldsymbol{A} \times \boldsymbol{B}| = |\boldsymbol{A}||\boldsymbol{B}|\sin\theta \tag{7}$$

[例] ベクトル $\boldsymbol{A} = \boldsymbol{i}3 + \boldsymbol{j}4$, $\boldsymbol{B} = -\boldsymbol{i}2 + \boldsymbol{j}3$ について演算例を示す．

$$\boldsymbol{A} \cdot \boldsymbol{B} = A_x B_x + A_y B_y = -6 + 12 = 6$$

$$\boldsymbol{A} \times \boldsymbol{B} = \boldsymbol{i}(A_y B_z - A_z B_y) + \boldsymbol{j}(A_z B_x - A_x B_z) + \boldsymbol{k}(A_x B_y - A_y B_x)$$

$$= \boldsymbol{k}(9 + 8) = \boldsymbol{k}17$$

6.2 電界と電気力線

帯電体のある周囲に他の帯電体を近づけると，この帯電体にはクーロンの法則に従う静電力が働く．この帯電体に静電力の働く空間を電界 (electric field) または電場という．電界 $\boldsymbol{E}$ [V/m] は，その点に 1 [C] の単位の電荷をおいたと仮定したときに，これに働く力の大きさと方向で表す．したがって，図 6.2 のように点電荷 Q [C] があるとき，これから r [m] 離れた点 P における電界の強さ E (intensity of electric field) は

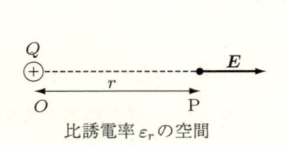

図 6.2　電界の強さ

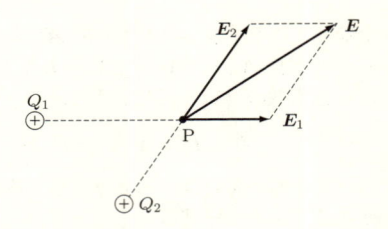

図 6.3　複数個の点電荷による電界の強さ

$$E = \frac{Q}{4\pi\varepsilon_0\varepsilon_r r^2} \quad [\text{V/m}] \tag{6.6}$$

で表され,静電力と同様にベクトル量である.

複数個の電荷が存在している場合の,観測点 P における電界の強さは,各点の電荷によって作られる電界のベクトル和として求められる.

電界 $\boldsymbol{E}$ [V/m] 中に電荷 q [C] を置いたときに働く力 $\boldsymbol{F}$ [N] は

$$\boldsymbol{F} = q\boldsymbol{E} \quad [\text{N}] \tag{6.7}$$

である.電荷の受ける力の方向はクーロンの法則と同一である.

電界中に微小な正電荷を置くと電界による力を受けて,電界の方向に動かされる.この電荷の動いた線を用いて,電界の様子を一種の力線と仮定して,図示すると便利なことが多い.このような線を**電気力線** (1ines of electric force)

正電荷のまわりの電気力線

負電荷のまわりの電気力線

正負電荷の近くの電気力線

2個の正電荷の近くの電気力線

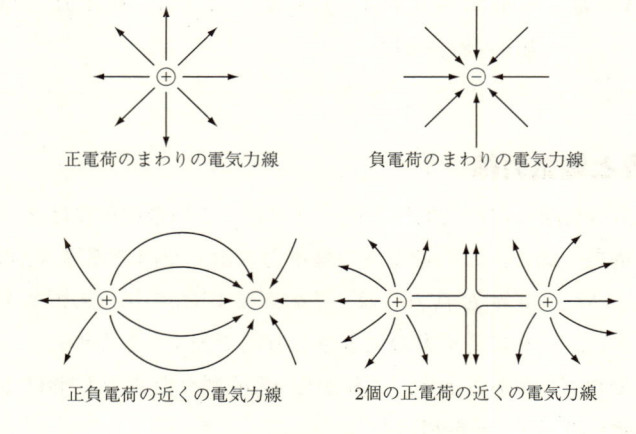

図 6.4　電荷の近くの電気力線

と名付け，次のような性質をもっている．
(1) 電気力線は正の電荷から出発して，負の電荷で終る連続曲線である (一方の電荷が，無限遠点にあることもある)．
(2) 電気力線の接線の方向が，その点の電界の方向を示している．
(3) 電気力線は互いに交差しない．
(4) 電気力線は電位の等しい点を結ぶ面 (**等電位面**, equipotential surface) に垂直である．
(5) 電界 E [V/m] の点では，その点で電界と垂直な断面 $1\,\mathrm{m}^2$ 当たりに E 本の電気力線が通るものと考える．つまり電気力線の密度はその点の電界の強さである．

誘電率 $\varepsilon\,(=\varepsilon_0\varepsilon_r)$ [F/m] の媒質中において，Q_0 [C] の正電荷から出ていく電気力線の総数 N を考えてみよう．電荷を中心とする半径 r [m] の球面 S 上の任意の点 P における電界の強さ E [V/m] は

$$E = \frac{Q_0}{4\pi\varepsilon r^2} \quad [\mathrm{V/m}] \tag{6.8}$$

であって，電気力線は点対称的に放射状に出ることになる．球面 S の面積は $S = 4\pi r^2$ [m^2] である．電気力線の密度は電界に等しいので，その総数は

$$N = ES = \frac{Q_0}{4\pi\varepsilon r^2} \cdot 4\pi r^2 = \frac{Q_0}{\varepsilon} \quad [本] \tag{6.9}$$

となって，電荷 Q_0 から Q_0/ε 本の電気力線がでている．

電気力線の数は，電荷の量が同じであっても，そのまわりの媒質の誘電率によって異なり，不便なこともある．そこで，媒質の誘電率に関係せず，電荷の

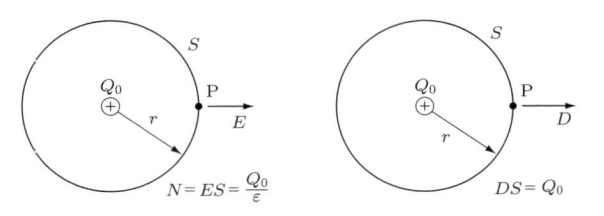

電荷Q_0より出る電気力線　　　　電荷Q_0より出る電束

図 **6.5** 電荷より出る力線の数

量にだけ関係する量を考えてみよう．つまり電荷 Q_0 から，Q_0 本の力線が出ているものと考え，これを**電束** (electric flux) または**誘電束** (dielectric flux) という．電荷の量と電束数は同じ値となる．**誘電率** $\varepsilon\,(=\varepsilon_0\varepsilon_r)$ [F/m] の媒質中におかれている電荷 Q_0 [C] からは，Q_0 本の電束が出ており，その形は電気力線と同じである．電荷 Q_0[C] を中心に半径 r [m] の球面上の任意の点 P における**電束密度** (electric flux density) D [C/m^2] は

$$D = \frac{Q_0}{4\pi r^2} \quad [\text{C/m}^2] \tag{6.10}$$

である．この場合の球面上の電界の強さは

$$E = \frac{Q_0}{4\pi\varepsilon r^2} \quad [\text{N/C}] \tag{6.11}$$

であるから，方向も考えて

$$\boldsymbol{D} = \varepsilon\boldsymbol{E} \quad [\text{C/m}^2] \tag{6.12}$$

なる関係が成立する．$\boldsymbol{E}$ および $\boldsymbol{D}$ は共にベクトル量である．$\boldsymbol{D}$ はまた**電気変位** (electric displacement) ともよばれる．

例題 6.2

大地の表面付近には 250 V/m の電界があるものと考える．半径 r の水滴に 1 個の電子が付いているものとして，この水滴が重力に逆らって，空中で浮かぶ条件を求めよ．

解

電界によって受ける力は

$$F_\text{e} = eE = 1.60 \times 10^{-19} \times 250 = 4 \times 10^{-17} \text{ N}$$

である．一方，水滴の質量を m とすれば，重力は

$$F_\text{m} = mg = \frac{4}{3}\pi r^3 \times 10^3 \times 9.8$$

である．これらの力がつり合っているので

$$r^3 = \frac{4 \times 10^{-17}}{\dfrac{4}{3}\pi \times 9.8 \times 10^3} = 9.74 \times 10^{-22}$$

$$r = 0.991 \times 10^{-7} \fallingdotseq 0.1 \text{ μm}$$

6.3 ガウスの定理

誘電率 ε の媒質中にある電荷 Q_0 [C] からは，Q_0/ε [本] の電気力線または Q_0 [本] の電束がでていることを学んだが，任意の閉曲面 S の内部にいくつかの電荷 Q_1, Q_2, $\cdots$ があるときに，閉曲面内の電荷と閉曲面を通り抜ける全電気力線の数または全電束の数を求めたのが，**ガウスの定理** (Gauss' theorem) である．

図 6.6 に示すように閉曲面 S の中の点 O に電荷 Q [C] があり，点 P における電界の強さ E [V/m] は，OP 間の距離を r [m] として

$$E = \frac{Q}{4\pi\varepsilon r^2} \quad [\text{V/m}] \tag{6.13}$$

である．P 点における微小面積 dS に立てた法線ベクトルを $\boldsymbol{n}$ とし，$\boldsymbol{E}$ と $\boldsymbol{n}$ となす角を θ，$\boldsymbol{E}$ の $\boldsymbol{n}$ 上への正射影成分を E_n とすると

$$E_n = E\cos\theta = \frac{Q}{4\pi\varepsilon r^2}\cos\theta \tag{6.14}$$

である．ここで，E_n を閉曲面の全表面にわたって積分すると

$$\int_S E_n dS = \int_S \frac{Q}{4\pi\varepsilon r^2}\cos\theta dS \tag{6.15}$$

ここで，立体角の考え方を用いると

$$d\omega = \frac{dS'}{r^2} = \frac{dS}{r^2}\cos\theta \tag{6.16}$$

であるから

$$\int_S E_n dS = \frac{Q}{4\pi\varepsilon}\int_S d\omega = \frac{Q}{4\pi\varepsilon}4\pi = \frac{Q}{\varepsilon} \tag{6.17}$$

となる．

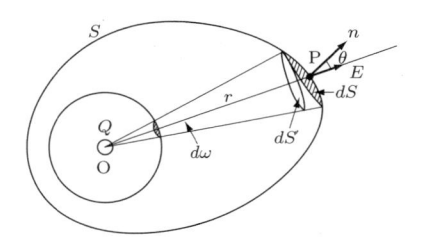

図 6.6 閉曲面 S 内に 1 個の電荷のある場合のガウスの定理

閉曲面内に Q_1, Q_2, $\cdots$, Q_m と m 個の点電荷がある場合には，S 面上の点 P における電界の強さ $\boldsymbol{E}$ は，それぞれの電荷による電界を $\boldsymbol{E}_1$, $\boldsymbol{E}_2$, $\cdots$, $\boldsymbol{E}_m$ として，

$$\boldsymbol{E} = \boldsymbol{E}_1 + \boldsymbol{E}_2 + \cdots + \boldsymbol{E}_m \tag{6.18}$$

となる．電荷 1 個の場合と同様に，すべての電界の法線成分 E_{in} を求めて

$$\int_S \sum_{i=1}^m E_{\text{in}} dS = \sum_{i=1}^m \frac{Q_i}{\varepsilon} = \frac{1}{\varepsilon} \sum_{i=1}^m Q_i \tag{6.19}$$

である．この関係をまとめて表現すると，閉曲面 S から出ていく電気力線の数は，閉曲面 S で囲まれた空間に含まれている全電荷の $1/\varepsilon$ である．あるいは，電束は全電荷に等しいといえる．これをガウスの定理という．

例題 6.3

半径 a [m] の球殻の表面に一様に面密度 σ [C/m²] の電荷がある．球の内外の電界を求めよ．

解

電荷の分布は球の中心に対して対称となっているので，電界も球対称でなければならない．図 6.7 に示すように球の外側に半径 r_1 の球を考え，この表面を通り抜ける電界は球の中心を通る方向と一致しているはずであるから，ここにガウスの定理を適用すると

$$\int_S E_n dS = E \int_S dS = E 4\pi r_1^2$$

であって，内部に含まれている全電荷量より

$$\frac{1}{\varepsilon} \int_S \sigma dS = \frac{\sigma 4\pi a^2}{\varepsilon}$$

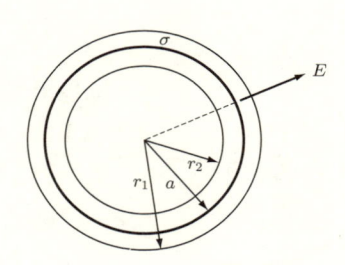

図 6.7 球殻上の電荷分布による電界

である．よって
$$E = \frac{a^2}{\varepsilon r_1^2}\sigma \quad (r_1 > a)$$
この結果，球殻の外側においては，球の中心に $Q = 4\pi a^2 \sigma$ なる点電荷の存在する場合と等しい電界となる．

また球の内部に半径 r_2 の球を考えると，その内部には電荷はなく
$$\int_S E_n dS = E 4\pi r_2^2 = 0$$
$$\therefore \quad E = 0 \quad (r_2 < a)$$
である．

6.4 電位と電位差

電界中に電荷をおくと，静電力を受けて電荷がある距離を移動したとすれば，電界はその電荷に対して仕事をしたと考えられる．同様に静電力に逆らって，電荷を動かせば，外部から電荷に対して仕事をしたことになる．

電荷 Q_0 [C] の作る電界 E [V/m] に逆らって，無限遠点から点 P まで，電荷 Q [C] を移動させれば (図 6.8 参照)，この電荷に与える仕事 W [J] は
$$W = -\int_\infty^r EQ dr = -\int_\infty^r \frac{Q_0}{4\pi\varepsilon r^2} Q dr = \frac{Q_0 Q}{4\pi\varepsilon}\frac{1}{r} \quad [\text{J}] \tag{6.20}$$
である．つまり電界中に置かれた電荷は，その位置によって決まるエネルギーをもっていることを示している．その値は電界 E によって求められる．

このように無限遠点から電界内の任意の点まで，単位の正電荷を運ぶのに要する仕事を，特にその点の**電位** (electrical potential) と定める．
$$V_P = \frac{W}{Q} = \frac{Q_0}{4\pi\varepsilon r} \quad [\text{V}] \tag{6.21}$$

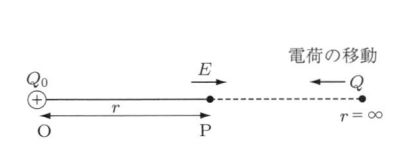

図 **6.8** 電界と電荷の移動

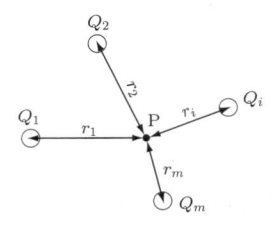

図 **6.9** 複数の電荷による電位

この電位はスカラ量である．

また点 P から距離 $r_1, r_2, \cdots, r_m$ の点に電荷 $Q_1, Q_2, \cdots, Q_m$ がある場合の電位 V は (図 6.9 参照)，各々の電荷の作る電位の代数和として

$$V = \frac{1}{4\pi\varepsilon}\left(\frac{Q_1}{r_1} + \frac{Q_2}{r_2} + \cdots + \frac{Q_m}{r_m}\right) \quad [\text{V}] \tag{6.22}$$

で与えられる．

電位はスカラ量であり，無限遠点から点 P まで電荷を運ぶ径路には無関係に定まる量である．このような関係は，重力場にも当てはまることである．電位の単位は [J/C] であるが，とくにこれをボルト [V] と定める．

図 6.10 に示すように正の点電荷 Q_0[C] から r_1, r_2, r_3 [m] 離れた点 P_1, P_2, P_3 の電位はそれぞれ

$$V_1 = \frac{Q_0}{4\pi\varepsilon r_1}, \quad V_2 = \frac{Q_0}{4\pi\varepsilon r_2}, \quad V_3 = \frac{Q_0}{4\pi\varepsilon r_3} \quad [\text{V}] \tag{6.23}$$

である．$r_1 < r_2$ であれば，$V_1 > V_2$ となる．この場合点 P_1 の方が点 P_2 より電位が高いといい，点 P_1 と P_2 の間の電位の差 $(V_1 - V_2)$ を**電位差** (electric potential difference) あるいは電圧 (voltage) という．

$$V_{12} = V_1 - V_2 = \frac{Q_0}{4\pi\varepsilon}\left(\frac{1}{r_1} - \frac{1}{r_2}\right) \quad [\text{V}] \tag{6.24}$$

電位差の単位はボルト [V] である．

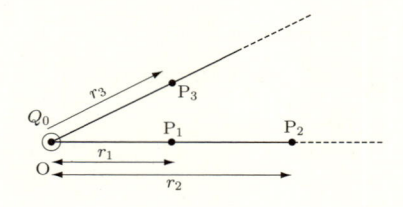

図 6.10　電位差

電位差は位置のエネルギーの差とみることができるので，2 点の電位差は方向によらず，距離 r の逆数の差として定められる (図 6.10)．

電界中の点 P に電荷 Q [C] を置いたときに，この電荷の受ける力を F [N] とし，微小距離 dx [m] だけ移動させたときの仕事 dW は

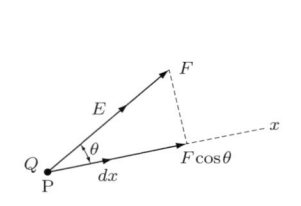

図 6.11 電界の方向と仕事

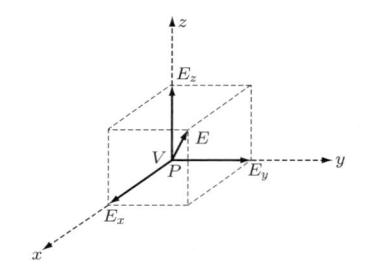

図 6.12 3次元空間の電界の x, y, z 方向の成分

$$dW = -F\cos\theta dx \quad [\text{J}] \tag{6.25}$$

であり，この両辺を Q で割ると

$$\frac{dW}{Q} = -\frac{F}{Q}\cos\theta dx \quad [\text{J/C}] \tag{6.26}$$

となる．これは電位の定義であるから

$$dV = -E\cos\theta dx \quad [\text{V}] \tag{6.27}$$

となる．よって，

$$-\frac{dV}{dx} = E\cos\theta \quad [\text{V/m}] \tag{6.28}$$

となり，dV/dx を電界中の点 P における**電位の傾き** (potential gradient) という．電界の強さの dx 方向の成分は，その点における電位の傾きに負の符号をつけたものに等しい．

一般に三次元の空間においては，点 P の電位を V として，電界 $\boldsymbol{E}$ の x, y, z 軸方向の大きさ E_x, E_y, E_z は次のようになる (図 6.12)．

$$\left.\begin{aligned} E_x &= -\frac{\partial V}{\partial x} \quad [\text{V/m}] \\ E_y &= -\frac{\partial V}{\partial y} \quad [\text{V/m}] \\ E_z &= -\frac{\partial V}{\partial z} \quad [\text{V/m}] \end{aligned}\right\} \tag{6.29}$$

例題 6.4

1個の電子が電界によって，1Vの電位差を有する2点間を移動したときに，電子が電界から受けとるエネルギーはいくらか．

解

1個の電子のもつ電荷を e とすれば，
$$W = e \cdot V = 1.602 \times 10^{-19} \times 1 = 1.602 \times 10^{-19} \text{ J}$$
このエネルギーを1電子ボルト [eV] という．

例題 6.5

真空中において1辺が10 cmの正三角形の各頂点に $\sqrt{3} \times 10^{-9}$ C の正の点電荷を置いた．正三角形の中心における電位を求めよ．

解

正三角形の頂点から中心までの距離は
$$r = \frac{0.1}{\sqrt{3}} \text{ m}$$
であるから，1個の点電荷による電位は
$$V_1 = \frac{Q}{4\pi\varepsilon_0 r} = 9 \times 10^9 \times \frac{\sqrt{3} \times 10^{-9}}{0.1/\sqrt{3}} = 270 \text{ V}$$
であって，3個の点電荷による電位を重ね合わせて
$$V_0 = 3V_1 = 810 \text{ V}$$
である．

6.5 静電容量

空間にただ1個の導体があり，この導体が電荷 Q [C] で帯電している．その導体の無限遠点に対する電位を V [V] とすれば，この間には比例関係があり

$$Q = CV \quad [\text{V}] \tag{6.30}$$

となる．ここで比例定数 C を**静電容量** (capacity) またはキャパシタンス (capacitance) といい，その単位は [C/V] であるが，これをファラッド [F] とよぶ．この静電容量は導体の形状，寸法，媒質の誘電率などによって定まる定数である．

また 2 個の導体 A, B があり, 導体 A には $+Q$ [C] が, 導体 B には $-Q$ [C] が与えられたときに, 二つの導体間の電位差が V_{AB} [V] であれば, 導体 AB 間の静電容量は

$$C_{AB} = \frac{Q}{V_{AB}} \quad [F] \tag{6.31}$$

と定義される.

導体間の静電容量を回路素子として利用するように導体を配したものを**蓄電器** (condenser) という.

次にいくつかの形状のコンデンサの容量を求めてみよう.

図 6.13 に示すように半径 a [m] の導体球が, 媒質の比誘電率 ε_r の空間にある場合を考えよう. この孤立した導体球に電荷 Q [C] を与えると, その導体の表面における電位 V [V] は, 電荷が球の中心にあると考えた場合と同一であって,

$$V = \frac{1}{4\pi\varepsilon_0\varepsilon_r}\frac{Q}{a} = 9 \times 10^9 \frac{Q}{\varepsilon_r a} \quad [V] \tag{6.32}$$

となる. したがって, 静電容量は

$$C = \frac{Q}{V} = 4\pi\varepsilon_0\varepsilon_r a = \frac{\varepsilon_r a}{9 \times 10^9} \quad [F] \tag{6.33}$$

である. この場合に静電容量を形成するもう一つの導体は無限遠点にあると考える.

次に図 6.14 に示すように平行平板コンデンサについて考えよう. 平行板の面積が S [m^2], 平行板の距離を d [m], 導体間の媒質の比誘電率を ε_r とする. 平行平板間に V [V] の電圧を加えたとき, 導体間の電界は

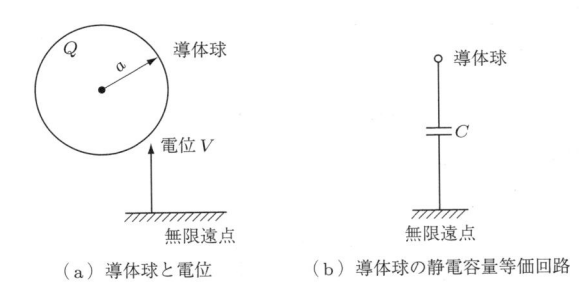

(a) 導体球と電位　　(b) 導体球の静電容量等価回路

図 **6.13** 孤立した導体球の静電容量

図 6.14 平行平板コンデンサ

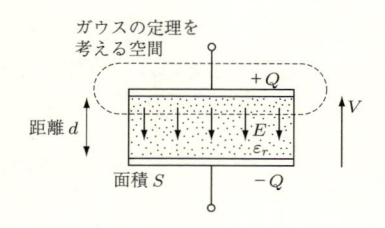

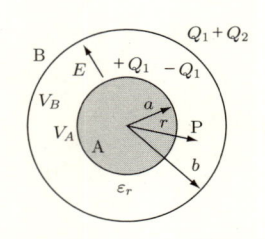

図 6.15 同心球コンデンサ

$$E = \frac{V}{d} \quad [\text{V/m}] \tag{6.34}$$

であり，このとき，導体に蓄えられている電荷を Q [C] とすれば，導体から出る電気力線の総数は，$Q/\varepsilon_0\varepsilon_r$ である．よって，単位面積当たりの電気力線の数より

$$E = \frac{Q}{\varepsilon_0\varepsilon_r S} \quad [\text{V/m}] \tag{6.35}$$

したがって，導体間の電位は

$$V = Ed = \frac{dQ}{\varepsilon_0\varepsilon_r S} \quad [\text{V}] \tag{6.36}$$

となり，静電容量は

$$C = \frac{Q}{V} = \frac{\varepsilon_0\varepsilon_r S}{d} \quad [\text{F}] \tag{6.37}$$

である．

導体の端では電気力線が正確に平等にはならないので，上式が成立するのは，導体間隔に比べて平行平板面積が十分に大きいと考えられるときである．

同心球によって構成されたコンデンサを考えてみよう．図 6.15 に示すように，半径 a, b [m] の同心球を考え，それぞれの導体に Q_1, Q_2 [C] の電荷を与える．球 A からは $Q_1/\varepsilon_0\varepsilon_r$ 本の電気力線が出て，それはすべて球 B の内面に入るから，球 B の内面には $-Q_1$ の電荷が分布する．球 B には電荷が与えてあるので，$-Q_1$ の電荷とつり合うためには，球の外面に $Q_1 + Q_2$ の電荷が分布することになる．

ところが導体球 B に存在する電荷によっては，その外側にのみ電界を作り，導体球 AB の間における電界は導体球 A の電荷によってのみ生ずることとなる．

$$E_r = -\frac{dV}{dr} = \frac{1}{4\pi\varepsilon_0\varepsilon_r}\frac{Q_1}{r^2} \quad [\text{V/m}] \quad (a \leqq r \leqq b) \tag{6.38}$$

したがって，球 AB 間の電位差は

$$V_{\text{AB}} = -\int E_r dr = \frac{-Q_1}{4\pi\varepsilon_0\varepsilon_r}\int_b^a \frac{dr}{r^2} = \frac{Q_1}{4\pi\varepsilon_0\varepsilon_r}\left(\frac{1}{a} - \frac{1}{b}\right) \quad [\text{V}] \tag{6.39}$$

である．電荷 Q_2 は導体間の電界を作るのにまったく寄与しないので，2 球によって形成されるコンデンサの容量は

$$C = \frac{Q_1}{V_{\text{AB}}} = \frac{4\pi\varepsilon_0\varepsilon_r}{\dfrac{1}{a} - \dfrac{1}{b}} = \frac{\varepsilon_r}{9\times 10^9}\frac{ab}{b-a} \quad [\text{F}] \tag{6.40}$$

となる．

静電容量 C [F] の導体に電荷 q [C] を与えれば，その導体の電位は

$$V = \frac{q}{C} \quad [\text{V}] \tag{6.41}$$

である．この導体にさらに微小電荷 Δq を与えるために必要な仕事の量は

$$\Delta W = V\Delta q = \frac{1}{C}q\Delta q \quad [\text{J}] \tag{6.42}$$

である．この導体に最終的に電荷 Q [C] を与えるものとすれば，この仕事を電荷 0 から Q まで増加させるものとして計算でき，必要な仕事は

$$W = \int dW = \int_0^Q \frac{1}{C}q\,dq = \frac{1}{2}\frac{Q^2}{C} = \frac{1}{2}QV = \frac{1}{2}CV^2 \quad [\text{J}] \tag{6.43}$$

である．

この仕事はエネルギーとしてコンデンサの内部に蓄えられている．平行平板コンデンサを例にとって，その様子を考えてみる．平行平板コンデンサの静電容量は

$$C = \varepsilon_0\varepsilon_r\frac{S}{d} \quad [\text{F}] \tag{6.44}$$

であり，電極板間の電界は

$$E = \frac{1}{\varepsilon_0\varepsilon_r}\frac{Q}{S} \quad [\text{V/m}] \tag{6.45}$$

である．この時蓄えられているエネルギーは

$$W = \frac{Q^2}{2C} \quad [\text{J}] \tag{6.46}$$

であり，コンデンサを形成している体積は Sd であることから考えて，単位体積当りに蓄えられるエネルギーは

$$w = \frac{W}{Sd} = \frac{1}{2}\frac{1}{Sd}\frac{(\varepsilon_0\varepsilon_r SE)^2}{\varepsilon_0\varepsilon_r S/d} = \frac{1}{2}\varepsilon_0\varepsilon_r E^2 \quad [\text{J/m}^3] \tag{6.47}$$

となる．これを電界 E 中に蓄えられるエネルギーの体積密度という．

例題 6.6

空気中におかれた平行平板コンデンサで電極間に $100\,\text{kV}$ の電位差を加えた．電極の面積を $1\,\text{m}^2$ として，電界強度が $30\,\text{kV/cm}$ をこえない条件で，このコンデンサにもたせ得る最大容量を求めよ．

解

電極の間隔を $d\,[\text{m}]$ とすれば，電界強度は

$$E = \frac{V}{d} = \frac{100 \times 10^3}{d}\,\text{V/m}$$

であって，この値が

$$E_{\max} = 30 \times 10^3 \times 10^2\,\text{V/m}$$

をこえないようにするためには

$$\frac{100 \times 10^3}{d} = 30 \times 10^3 \times 10^2$$

$$\therefore\quad d = \frac{1}{30}\,\text{m}$$

よって静電容量の最大値は

$$C = \varepsilon_0 \frac{S}{d} = 8.854 \times 10^{-12} \times \frac{1}{1/30} = 2.66 \times 10^{-10}\,\text{F} = 0.266\,\text{nF}$$

となる．

空気中での電界強度 $30\,\text{kV/cm}$ は通常の状態での空気の**絶縁耐力**とみることができる．

例題 6.7

図 6.16 のように 2 種類の誘導体を重ねて用いた平行平板コンデンサの静電容量を求めよ．

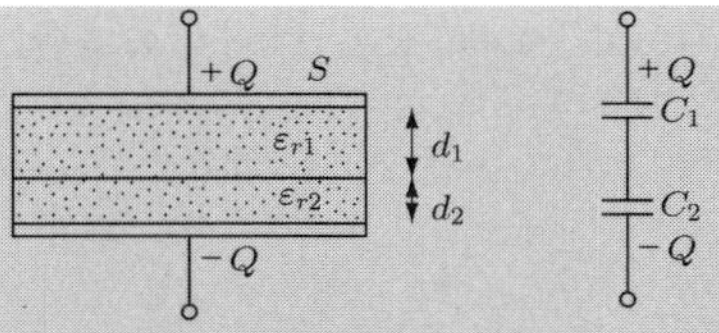

図 6.16 等価回路

解

誘電体内部の電気力線はすべて電極に直角で平行に出ていると考えられるので，二つの誘電体の間に薄い導体があるものと仮定しても，その様子は変化しない．その導体の上側には $-Q$，下側には $+Q$ の電荷が誘起すると考えられるので，それぞれの誘電体の内部の電界は，

$$E_1 = \frac{Q}{\varepsilon_0 \varepsilon_{r1} S}, \qquad E_2 = \frac{Q}{\varepsilon_0 \varepsilon_{r2} S}$$

となって，両電極間の電位は

$$V = E_1 d_1 + E_2 d_2 = \frac{Q}{\varepsilon_0 S}\left(\frac{d_1}{\varepsilon_{r1}} + \frac{d_2}{\varepsilon_{r2}}\right)$$

よって，静電容量は

$$C = \frac{Q}{V} = \frac{\varepsilon_0 S}{\dfrac{d_1}{\varepsilon_{r1}} + \dfrac{d_2}{\varepsilon_{r2}}}$$

となる．これは，個々の誘電体の部分によって

$$C_1 = \frac{\varepsilon_0 \varepsilon_{r1} S}{d_1}, \qquad C_2 = \frac{\varepsilon_0 \varepsilon_{r2} S}{d_2}$$

なるコンデンサが形成されているものとすれば

$$\frac{1}{C} = \frac{1}{C_1} + \frac{1}{C_2}$$

となって，二つのコンデンサの直列接続と考えることができる．

演習問題 6

6.1 真空中で $-30\,\mathrm{nC}$ と $40\,\mathrm{nC}$ の点電荷が $6\,\mathrm{cm}$ 離れて置かれている．電荷の間に働くクーロン力を求めよ．

6.2 真空中に二つの電荷が距離 r 離れて置かれている．このときのクーロン力が F [N] である．電荷間の距離が 2 倍になると電荷間に働くクーロン力はどのようになるか．

6.3 二つの等量の電荷が距離 $10\,\mathrm{cm}$ 離れて置かれている．このときに電荷の間に働くクーロン力が $9\,\mathrm{nN}$ である．この電荷量を求めよ．

6.4 電界中に微小な電荷 $q = 0.1$ nC を置いた．この電荷に力 $F = 300$ nN の力が働いた．電荷を置いた空間の電界の大きさを求めよ．

6.5 点電荷 Q [C] が座標原点においてある．点電荷から距離 r_1 [m] と r_2 [m] の 2 点間の電位差を求めよ．

6.6 半径 a [m] の水滴が，電荷 Q [C] をもっている．この水滴は完全な球と仮定する．この水滴の電位を求めよ．次にまったく同じ大きさで，同じ電荷をもった水滴と合体した．合体後の水滴の電位を求めよ．

6.7 1 辺が 10 cm の正方形の導体板が 2 枚 1 mm の間隔で平行に配置されている．導体の間には空気が詰まっている．この導体で構成されるコンデンサの静電容量を求めよ．

6.8 前問で求めた，コンデンサに電荷 0.1 μC を与えた．コンデンサを形成する電極の間にはどのような電位差が発生するか．

6.9 半径 10 cm の導体球がある．この導体球が真空の無限空間に置かれているものとして，静電容量を求めよ．また，地球は半径が 6378 km の導体球とすれば，その静電容量はいくらか．

6.10 前問において，半径 10 cm の導体球に電荷が与えられ，その電位が 100 V であった．この導体球と地球を接続すると電位はいくらになるか．これが通信工学で用いられる電子機器の接地 (アース) の原理である．

6.11 空気中に置いた二つの点電荷をそれぞれ，$+2$ μC，-8 μC とし，その間の距離を 30 cm とする．これらの電荷の間に働く静電力を求めよ．また，これらの電荷を比誘電率 2 の液体中に置いたとすれば，上記の力はどのようになるか．

6.12 空気中において 1 辺の長さが 20 cm の正三角形の頂点 A, B, C にそれぞれ 1 μC の点電荷を置いた．点 A の電荷に働く力の大きさおよび方向を求めよ．

6.13 空気中において，0.02 μC の電荷を小さな導体球に与えた．導体球の中心から 30 cm の点における電界の強さおよび無限遠点に対する電位を求めよ．

6.14 2 枚の平行平板を真空中で 1 cm 離して水平に置いた．この間に電圧 V [V] を印加したところ，平板間の電子は重力にさからって静止した．加えた電圧を求めよ．

6.15 1 kV の電位差の電界によって，加速された電子のもつ速度，運動のエネルギーを求めよ．ただし初速度は 0 とする．

6.16 真空中において，直径 2 m の導体球に 0.4 μC の電荷を与えた．
　ⅰ) 導体表面の電荷密度はいくらか．
　ⅱ) 導体表面の電界強度はいくらか．
　ⅲ) 導体の電位はいくらか．

6.17 図 6.17 に示すように，平行平板コンデンサに比誘電率 ε_{r1} と ε_{r2} の材料をそれぞれ面積 S_1, S_2 の部分に充たした．全体の静電容量を求めよ．

6.18 真空中におかれた内球の半径 10 cm, 外球の半径 20 cm の同心球がある．この二つの導体で構成されるコンデンサの静電容量を求めよ．次にこの導体間を比誘電率 5 の媒質で満たした．静電容量はいくらになるか．

6.19 20 μF のコンデンサに 100 V の電圧で充電した．コンデンサに蓄えられている

電荷とその蓄積エネルギーを求めよ．

6.20 図 6.18 の平行平板電極間に電位差を与えないときの間隔を d とする．上側の電極には質量 m の分銅がのせてある．ここで分銅を取去ると上側の電極はばねによって上方に上るが，電極間に電位差 V を印加することによって，再びもとの間隔 d となった．加えた電位差 V を求めよ．ただし，電極の面積は S とする．

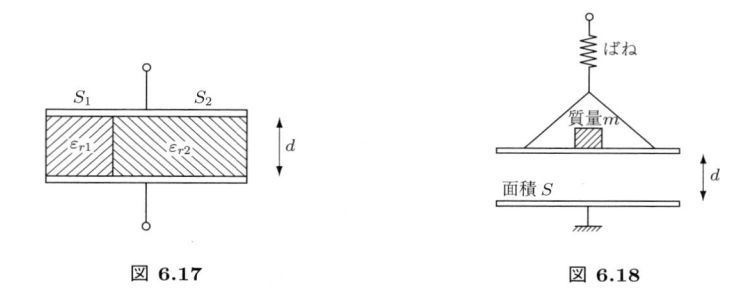

図 6.17

図 6.18

7
磁石と磁界

　静電界に対応した相似の考えにより，磁石の作る磁界を理解する．磁界は磁石によって作られるだけでなく，電流によっても作られる．電流の作る磁界の求め方は，ビオ・サバールの法則，アンペアの法則として記述されている．
　磁界中に存在する電線に電流を流せば，この導体に力が働く．この力がモータとなって，われわれの生活の中で大きな働きをしている．電流の方向と磁界の方向に対して，力の働く方向を示したのが，フレミングの左手の法則である．
　最後に，鉄やフェライトの様に磁界を通しやすい磁性体の中の磁界の様子とその解法について，電気回路との対応関係に注目しながら学ぶ．

7.1 磁石と磁界

　磁石がお互いに吸引したり反発したり，また鉄片を引きつけたりする現象は非常に古くから知られている．また棒磁石を糸でつるすと，いつでも南北を指し示す．このような現象を磁気現象といい，北に向う極を北極 (または N 極) といい，南に向う極を南極 (または S 極) という．
　二つの棒磁石を糸でつるすと，同種の極はお互いに反発し，異種の極は吸引

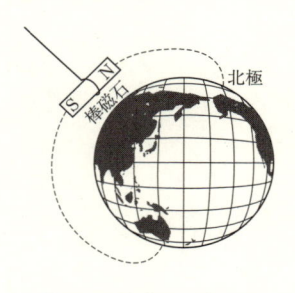

図 7.1　地球上の棒磁石

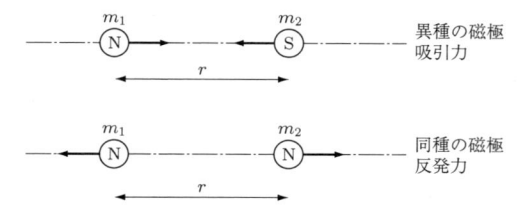

図 7.2 磁気先に関するクーロンの法則

し合う．この磁極の間に働く力 F は

$$F = k\frac{m_1 m_2}{r^2} \quad [\text{N}] \tag{7.1}$$

で表され，両極間の距離が r [m] で，m_1, m_2 を**磁極の強さ**といい，その単位はウェーバ [Wb] である．k は媒質で決まる定数であって，真空中では，

$$k = \frac{1}{4\pi\mu_0} = 6.33 \times 10^4 \quad [\text{N·m}^2/\text{Wb}^2] \tag{7.2}$$

である．μ_0 は真空の**透磁率** (permeability) であって

$$\mu_0 = 4\pi \times 10^{-7} \quad [\text{H/m}] \tag{7.3}$$

である．**比透磁率** (relativepermeability) が μ_r なる媒質中では，

$$k' = \frac{k}{\mu_r} \tag{7.4}$$

として，求めればよい．

　磁石が力を及ぼしているような，磁気的な力の働いている空間を**磁界** (magnetic field) または**磁場**という．磁界 H は，その点に +1 Wb の単位の正磁極を置いたと仮定したときに，これに働く力の大きさと方向で表す．たとえば，**透磁率** $\mu \, (= \mu_r \mu_0)$ の媒質中において，**磁極の強さ** m [Wb] の点から r [m] 離れた点 P における**磁界の強さ** (intensity of magnetic field) は，

$$H = \frac{m}{4\pi\mu r^2} = 6.33 \times 10^4 \frac{m}{\mu_r r^2} \quad [\text{A/m}] \tag{7.5}$$

である．磁界の方向は磁極から点 P に向う方向である．

　また，磁界の強さ H [A/m] の磁界中に m [Wb] なる磁極を置いたときに働く力 F は

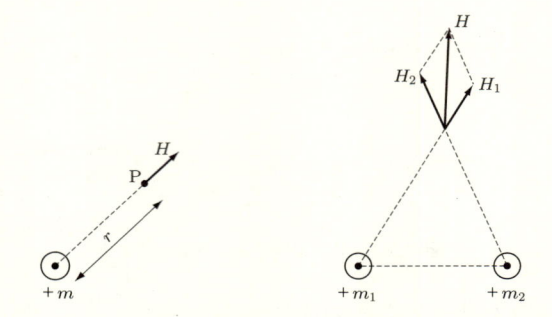

(a) 1個の磁極により作られる磁界　　(b) 2個の磁極により作られる磁界

図 7.3　磁界の強さ

$$F = mH \quad [\text{N}] \tag{7.6}$$

である．

　磁極が複数個あるときに作られる合成の磁界は，それぞれ磁極の作る磁界のベクトル和として求められる．

　磁界中に微小な正磁極をおくと，磁界の方向に沿って動かされる．この磁極の描いた線を**磁力線**とよび，磁界はこれらの磁力線によって満たされた空間と考えると，磁界のもつ現象を合理的に説明するのに場合に都合が良いことが多い．

　磁力線は次のような性質をもっている．

(1)　磁力線は北極から出て，南極に入る．
(2)　任意点の磁界の方向は，その点の磁力線の接線の方向である．
(3)　磁界の強さ H [A/m] の磁界中では，磁界の方向に垂直な断面 $1\,\text{m}^2$ 内を H 本の磁力線が通っていると考える．つまり磁力線の密度は磁界の強さである．
(4)　磁力線同士は交差しない．

　磁界の強さは，媒質によって異なるので，媒質の定数とは無関係に $+m$ [Wb] の磁極から m[本] の**磁束**が出ているものと決める．磁束 ϕ の単位は**ウェーバ** [Wb] である．磁束の方向と直角な面の $1\,\text{m}^2$ を通る磁束の数を磁束密度という．磁束密度の単位は**テスラ** [T] が用いられる．透磁率 $\mu(=\mu_r\mu_0)$ の媒質中の

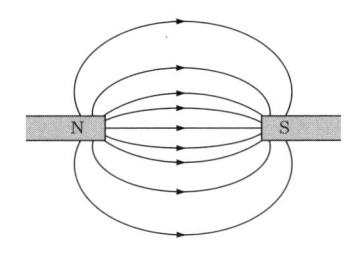

図 7.4 磁力線の様子

磁界が H [A/m] であれば,その点の磁束密度 B [T] は

$$B = \mu H \quad [\text{T}] \tag{7.7}$$

である.

例題 7.1

空気中で,4 μWb の N 極と 10 μWb の S 極を 5 cm の距離に置いたときに,両極に作用する力を求めよ.

解

磁極の間に働く力は

$$F = 6.33 \times 10^4 \times \frac{4 \times 10^{-6} \times 10 \times 10^{-6}}{(0.05)^2} = 1.01 \times 10^{-3} \fallingdotseq 1 \quad [\text{mN}]$$

であって,異種の磁極であるから引力である.

例題 7.2

長さ・質量・磁極の強さが互いに等しい細長い 2 本の棒磁石を,両磁石の磁軸の方向を一致させて長さ 50 cm の糸をつけて上端を一緒にしてつり下げたところ,両磁石の反発力のために,互いに 4 cm の距離を隔てて静止した.このとき各磁石の質量はともに 20 g である.両磁石の異種磁極間の吸引力,遠い側の磁極の反発力を無視して,磁極の強さを求めよ.

解

二つの磁石の同様の磁極の間に働く反発力と,重力がつり合う位置で静止する.したがって,磁極の強さを m [Wb] とすれば,同種の磁極間の反発力 F_1 [N] は

である.
$$F_1 = 6.33 \times 10^4 \frac{m^2}{(0.04)^2} \text{ N}$$
である.重力は
$$F_2 = Mg = 20 \times 10^{-3} \times 9.8 \text{ N}$$
である.糸の長さが 50 cm で,磁極の距離 4 cm より
$$F_1 = F_2 \tan\theta = F_2 \frac{r}{\sqrt{l^2 - r^2}} \fallingdotseq F_2 \frac{r}{l}\left(1 + \frac{1}{2}\left(\frac{r}{l}\right)^2\right)$$
$$\therefore \quad m^2 = \frac{(0.04)^2}{6.33 \times 10^4} \times 20 \times 10^{-3} \times 9.8 \times \frac{0.02}{0.5} \times \left(1 + \frac{1}{2}\left(\frac{0.02}{0.5}\right)^2\right)$$
$$= 1.98 \times 10^{-10}$$
$$\therefore \quad m = 14.1 \text{ μWb}$$

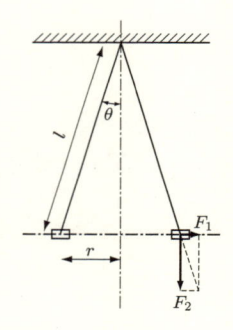

図 7.5 棒磁石のつり合いの関係

7.2 電流と磁界

磁界は磁荷つまり磁石によって作られるものとして考えたが,電流によっても磁界を作ることができる.電流が流れていると,その周囲に磁界ができる.この磁界の方向は,磁針によって測ることができる.その結果,直流電流の方向と磁界の方向は,図 7.6 に示すように電流の進む方向にねじを進めると,右ねじを回す方向が磁界の方向を示している.これを**右ねじの法則** (right hand screw law) という.

無限に長い直線状の電流によって作られる磁界は次のような性質を有している.

(1) 磁界の大きさは電流の大きさに比例する.

(a) 右ねじの法則 　　(b) 電流の方向と磁力線

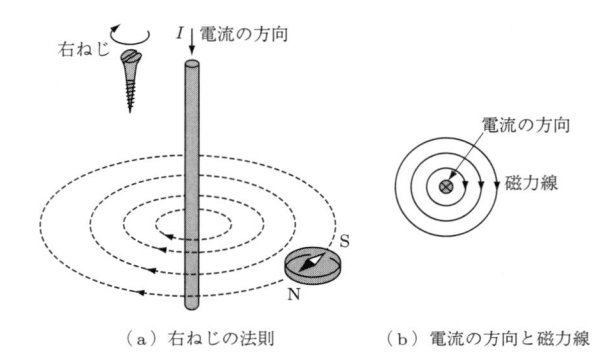

図 7.6 直流電流の作る磁界

(2) 磁界の大きさは電流からの距離に反比例する．
(3) 電流の方向によって磁界の方向が決定される．
(4) 磁界の方向はその点と導体で決まる平面に直角である．

図 7.7 に示すように導線に I [A] の電流を流したときに，この導体の微小部分 Δl [m] によって距離 r [m] 離れた点に生ずる磁界の強さ ΔH [A/m] は

$$\Delta H = \frac{I}{4\pi r^2} \sin\theta \Delta l \quad [\text{A/m}] \tag{7.8}$$

となる．ただし θ は Δl と OP のなす角であり，ΔH の方向は右ねじの法則に従う向きである．これを**ビオ・サバールの法則** (Biot-Savart's law) という．ビ

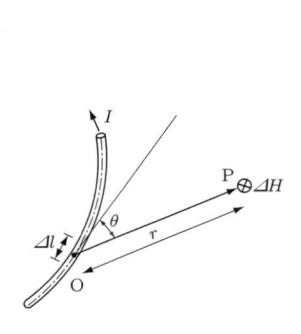

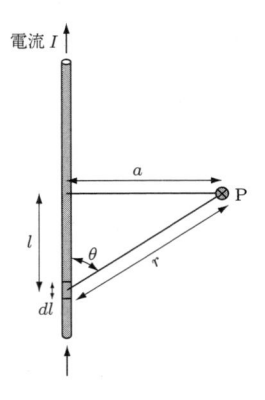

図 7.7 ビオ・サバールの法則　　　図 7.8 無限長線状電流の作る磁界

オ・サバールの法則を用いれば，種々の形状に流れている電流による磁界を求めることができる．

図 7.8 に示すように無限に長い直線上の導線に電流 I [A] が流れているとき，導線から a [m] 離れている点 P の磁界を求める．P 点から導体に下した垂線の交点を O とし，O から l [m] 離れた点での dl [m] の長さの部分が P 点に作る磁界は

$$dH = \frac{I}{4\pi r^2} \sin\theta dl \quad [\text{A/m}] \tag{7.9}$$

である．ただし

$$l = \frac{a}{\tan\theta}$$

である．両辺を微分して

$$dl = -\frac{a}{\sin^2\theta}d\theta$$

また

$$r^2 = \frac{a^2}{\sin^2\theta}$$

であるから

$$dH = -\frac{I\sin^2\theta}{4\pi a^2}\sin\theta\frac{a}{\sin^2\theta}d\theta = -\frac{I}{4\pi a}\sin\theta d\theta \tag{7.10}$$

となり，無限長の線路について考えるのであるから，向きを考えて，$\theta = 0 \sim \pi$ までの積分によって，点 P の磁界の強さは求められる．

$$H = \int_0^\pi dH = \int_0^\pi \frac{I}{4\pi a}\sin\theta d\theta = \frac{I}{4\pi a}\left[-\cos\theta\right]_0^\pi = \frac{I}{2\pi a} \quad [\text{A/m}] \tag{7.11}$$

次に，円形電流による中心軸上の磁界を求めてみよう．図 7.9 に示すように半径 r [m] の円形コイルに I [A] の電流が流れているとき，コイルの中心 O を通り，面に垂直な軸上で O から a [m] の距離の点 P に生ずる磁界の強さは，コイルの微小長さ dl [m] の部分によって

$$dH = \frac{I}{4\pi\left(\sqrt{r^2+a^2}\right)^2}\sin 90°\, dl = \frac{I}{4\pi(r^2+a^2)}\, dl \quad [\text{A/m}] \tag{7.12}$$

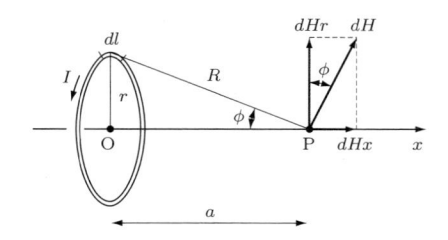

図 7.9 円形コイルによる磁界

である．この dH を中心軸上の成分 dH_x と半径方向の成分 dH_r に分けて考える．円形コイルの全円周について求めると dH_r 成分は打消し合って 0 となり，点 P の磁界は中心軸上の成分だけとなる．

$$dH_x = dH \sin\phi = \frac{I}{4\pi(r^2+a^2)} \frac{r}{(\sqrt{r^2+a^2})} \, dl \quad [\text{A/m}] \tag{7.13}$$

よって，この値を電流の流れている円周上にわたって積分すれば，

$$H = \frac{Ir}{4\pi(r^2+a^2)^{3/2}} 2\pi r = \frac{Ir^2}{2(r^2+a^2)^{3/2}} \quad [\text{A/m}] \tag{7.14}$$

と求められる．このコイルが N 回巻きであれば

$$H = \frac{NIr^2}{2(r^2+a^2)^{3/2}} \quad [\text{A/m}] \tag{7.15}$$

である．特にコイルの中心においては，$a=0$ と置けばよく

$$H_0 = \frac{NI}{2r} \quad [\text{A/m}] \tag{7.16}$$

となる．

次に，直線状に流れている有限の長さの電流からの磁界を求めてみよう．図 7.10 の導体 AB に電流 I [A] が流れているものとする．点 O にある微小区間 dl が点 P に作る磁界は，ビオ・サバールの法則により

$$dH = \frac{I}{4\pi r^2} \sin\theta \, dl \quad [\text{A/m}] \tag{7.17}$$

である．ここで

$$dl \sin\theta = r d\phi, \qquad \frac{a}{r} = \cos\phi$$

であるから，

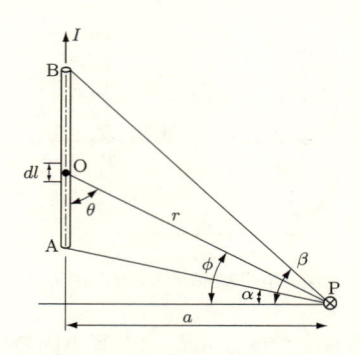

図 7.10 有限な長さの直線状の電流による磁界

$$dH = \frac{I}{4\pi a} \cos\phi \, d\phi \quad [\text{A/m}] \tag{7.18}$$

となり，これを A から B まで積分すると

$$H = \frac{I}{4\pi a}(\sin\beta - \sin\alpha) \quad [\text{A/m}] \tag{7.19}$$

となる．特に中心軸上であれば

$$\alpha = -\beta$$

となって，

$$H = \frac{I}{2\pi a}\sin\beta \quad [\text{A/m}] \tag{7.20}$$

であり，また線路が無限長であれば，$\beta = 90°$ であるから

$$H = \frac{I}{2\pi a} \quad [\text{A/m}] \tag{7.21}$$

となって，式 (7.11) と等しくなる．

円筒上に導体を密に巻いたものを**ソレノイド** (solenoid) という．図 7.11 に示すように長さ 1 m 当りに n 回巻いてある**無限長ソレノイド**に，電流 I [A] が流れている場合の中心軸上の磁界を求めてみよう．dx なる区間によって生ずる磁界は

$$dH = \frac{I}{2} \frac{a^2}{(a^2 + x^2)^{3/2}} \, n \, dx \quad [\text{A/m}] \tag{7.22}$$

であり，$x = a\cot\phi$, $dx = -a\,\text{cosec}^2\phi \, d\phi$ の関係を用いると

7.2 電流と磁界　127

$$dH = \frac{-nI}{2} \sin\phi \, d\phi \quad [\text{A/m}] \tag{7.23}$$

となり，ϕ について π から 0 まで積分すると

$$H = \int_\pi^0 dH = nI \quad [\text{A/m}] \tag{7.24}$$

となる．無限長ソレノイドは実際には存在しないが，直径 $2a$ がソレノイドの長さに比べて十分に小さい場合は，無限長ソレノイドとして取り扱っても，実用上は差しつかえない．

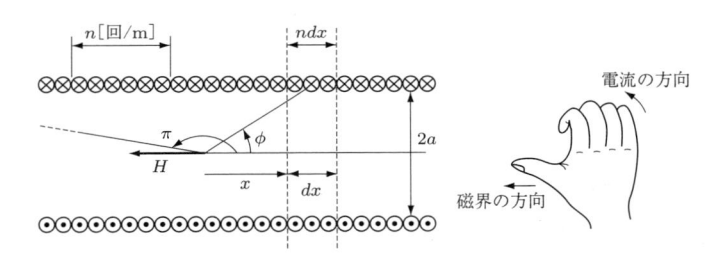

図 **7.11**　無限長ソレノイドの中心軸上の磁界

　ビオ・サバールの法則は，電流の作る磁界の強さを計算する基本の法則であるが，磁界の状態によっては，もっと簡単に求めることができる．

　電流の作る磁界中を一定の方向に 1 周したときに，磁界の強さと磁界に沿った長さの積の代数和は，その閉曲線の中に含まれている電流の代数和に等しい．電流の符号は右ねじの法則に従うときを正とする．これを**アンペアの周回積分の法則** (Ampere's circuital law) という．

　図 7.12 に示すように，導体に直角な平面上で，導体を中心として，半径 a [m] なる円を描けば，この円周上では磁界の大きさは一定であり，電流 I [A] に比例する．したがって，この円周に沿って磁界の強さを積分すると

$$\oint H dl = H(a) 2\pi a = I$$

$$\therefore \quad H(a) = \frac{I}{2\pi a} \tag{7.25}$$

となって，式 (7.11) と一致する．この円周内に N 本の導体があって，それぞれに I_i [A] の電流が流れている場合には，

図 7.12 アンペアの周回積分の法則　　**図 7.13** 環状ソレノイド

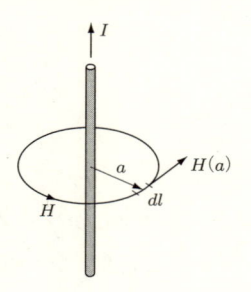

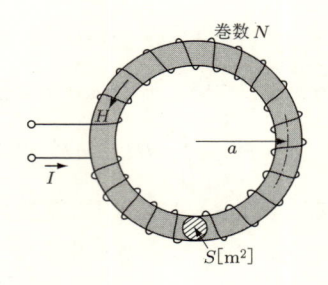

$$\oint H dl = \sum_{i=1}^{N} I_i \tag{7.26}$$

である．

図 7.13 に示す**環状ソレノイド**では，その対称性から内部では磁界が均一であると考え，これにアンペアの周回積分の法則を適用すると

$$\oint H dl = H \oint dl = H 2\pi a = NI$$

$$\therefore \ H = \frac{NI}{2\pi a} \quad [\text{A/m}] \quad N：総巻数 \tag{7.27}$$

と求められる．環状ソレノイドの単位長さ当りの巻数を n とすると

$$n = \frac{N}{2\pi a} \tag{7.28}$$

となるから

$$H = nI \quad [\text{A/m}] \tag{7.29}$$

である．

図 7.14 に示すような小さな円形の導線に電流を流すと，この付近には小型の磁石と同じ分布をした磁界ができる．このような磁石を等価磁石という．この等価磁石の**磁気モーメント**は

$$ml = \mu_0 I \pi a^2 \quad [\text{Wb·m}] \tag{7.30}$$

で与えられる．

7.2 電流と磁界

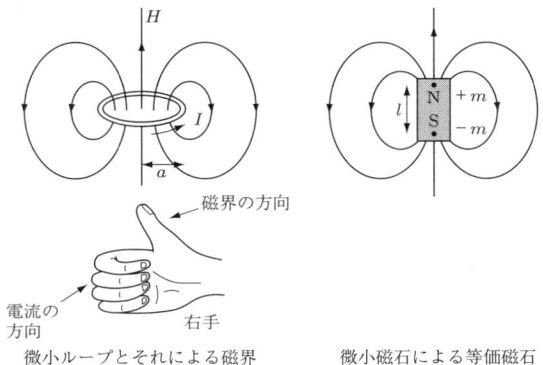

微小ループとそれによる磁界
右手による磁界の方向

微小磁石による等価磁石

図 **7.14** ループの作る磁界

例題 7.3

同一平面に 10 回巻きのコイルがある．これに 16 A の電流を流したときの中心における磁界を求めよ．ただしコイルの半径を 20 cm とする．

解

コイルの中心における磁界の強さは
$$H = N\frac{I}{2a} = 10\frac{16}{2 \times 20 \times 10^{-2}} = 400 \text{ A/m}$$

例題 7.4

無限長の直線導体に 10 A の電流が流れている．導体から 1 m 離れたところにある 1 辺 10 cm の正方形の面を通る磁束を求めよ．

解

導体から x [m] 離れたところの磁界は
$$H = \frac{I}{2\pi x} \quad [\text{A/m}]$$
であるから，1 辺 10 cm の面を通る磁束は
$$\phi = \int_1^{1.1} B dx \times 0.1 = 0.1 \times \mu_0 \times \frac{I}{2\pi} \int_1^{1.1} \frac{1}{x} dx$$
$$= 0.1 \times 4\pi \times 10^{-7} \times \frac{10}{2\pi} \times \ln\frac{1.1}{1}$$
$$= 19.1 \text{ nWb}$$

7.3 電 磁 力

図 7.15 に示すように,磁束密度 B [T] の空間に I [A] の電流が Δl [m] の長さにわたって流れている場合に,この導体に働く**電磁力** ΔF [N] は

$$\Delta F = IB\sin\theta \Delta l \quad [\text{N}] \tag{7.31}$$

である.ただし θ は導体と磁界の方向のなす角度であり,力の働く方向は導体と磁界で作る面に垂直である.特に $\theta = 90°$ であれば

$$\Delta F = IB\Delta l \quad [\text{N}] \tag{7.32}$$

である.

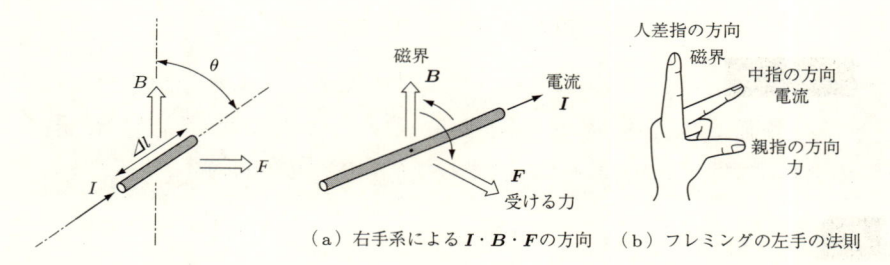

(a) 右手系による $I \cdot B \cdot F$ の方向　　(b) フレミングの左手の法則

図 7.15 電磁力の大きさ　　図 7.16 電磁力の方向とフレミングの左手の法則

この場合の電流,磁界および力の方向の関係は図 7.16 (a) のように右手系で,I,B,F となるが ($I \to B$ の方向に右ねじをまわすと,F の方向へねじはすすむ),この関係をさらに具体的に表す方法として,**フレミングの左手の法則** (Fleming's left-hand rule) がある.図 7.16 (b) に示すように,左手の親指,人差指,中指がそれぞれ力,磁界,電流の方向を示している.

図 7.17 のように,一様な磁束密度 B [T] の磁界中に長方形 ($a \times b$ [m^2]) のコイルを磁界の方向から θ だけ傾けて置き,これに電流 I [A] を流した場合に受ける力を考えてみよう.磁界に垂直となる辺は,それぞれ図のように

$$F = IbB \quad [\text{N}] \tag{7.33}$$

という力を受けるので,長方形コイルの受けるトルク (torque) は

$$T = 2F\frac{a}{2}\sin\theta = IabB\sin\theta \quad [\text{N·m}] \tag{7.34}$$

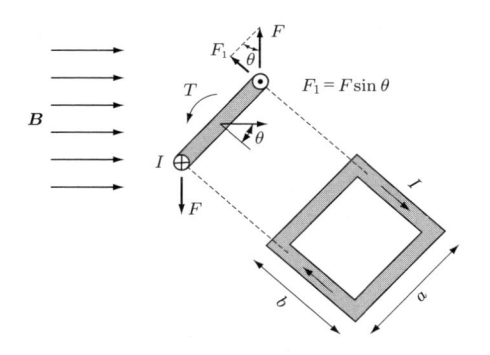

図 7.17 長方形のコイルに働くトルク

であり，N 回巻きのコイルとすれば，$ab = S \text{ [m}^2\text{]}$ として

$$T = NIBS\sin\theta \quad \text{[N·m]} \tag{7.35}$$

となる．

このように磁界中において電流が流れている導体の受ける力を**電磁力** (electromagnetic force) といい，**電動機** (electric motor) や電気計器などにおいて，電気から機械力を発生させるのに用いられている．

電流が流れている二つの導体の間にも電磁力が働いている．図 7.18 のように r [m] 離れて平行導体がおかれている場合に，導体 1 に流れている電流 I_1 [A] によって他方の導体のあるところに作られる磁束密度は，

$$B_{12} = \mu_0 \frac{I_1}{2\pi r} \quad \text{[T]} \tag{7.36}$$

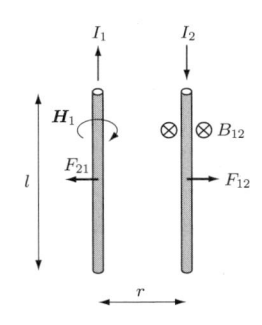

図 7.18 平行導線の電流の間に働く力

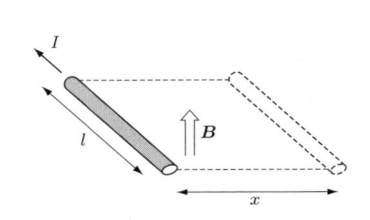

図 7.19 電磁力による仕事

であるから，導体 2 に電流 I_2 [A] が流れていれば，この導体に働く電磁力は

$$F_{12} = I_2 l B_{12} = \mu_0 \frac{I_1 I_2 l}{2\pi r} \quad [\text{N}] \tag{7.37}$$

となる．l [m] は導体の長さである．電流 I_2 によって，電流 I_1 に働く力も同じ大きさ ($F_{12} = F_{21}$) となる．電流 I_1, I_2 が同じ方向に流れている場合には両導線は互いに引き合う力を受け，反対方向の電流が流れている場合には反発する力を受けることになる．

図 7.19 に示すように磁束密度 $\boldsymbol{B}$ [T] のような一様磁界中に，長さ l [m] の導体を磁界と直角の方向において，電流 I [A] を流すと，その導体は力 $\boldsymbol{F}$ [N] を受ける．

$$F = IlB \quad [\text{N}] \tag{7.38}$$

この力により，導体が距離 x [m] だけ動いたとすれば，電磁力が導体に与えた仕事 W [J] は

$$W = Fx = IBlx = IBS = I\phi \quad [\text{J}] \tag{7.39}$$

である．ただし，$lx = S$ として

$$\phi = BS \quad [\text{Wb}] \tag{7.40}$$

は，この導体の横切った面積中に含まれている磁束である．この導体が距離 x [m] を動くのに要した時間を t [s] とすれば，電磁力が単位時間にした仕事 P [W] は

$$P = \frac{\Delta W}{\Delta t} = F\frac{x}{t} = Fv \quad [\text{W}] \tag{7.41}$$

であり，v [m/s] は導体の運動の速度である．これが電磁力による運動の基本式であって，電動機の原理となる式である．

例題 7.5

空気中において平行に張られた長い直線状導体がある．導体間の距離は 5 cm であって，同方向にそれぞれ，20 A と 30 A の電流が流れている．導体 1 m ごとに働く電磁力を求めよ．

解

導体間に働く力は，導体 1 m ごとに

$$F = \mu_0 \frac{I_1 I_2}{2\pi r} l$$
$$= 4\pi \times 10^{-7} \frac{20 \times 30}{2\pi \times 0.05} \times 1 = 2.4 \times 10^{-3} = 2.4 \text{ mN/m}$$

であり，電流が同方向であるから，導体には引力が働く．

STUDY

電気の単位系

単位系については 1.4 節に述べたが，電気系の単位との関係はここに示すように電流と力の関係として論じられている．その結果，電気的な定数 ε_0, μ_0 が求められる．この関係を単位を中心にしてまとめる．各章の式を参照されたい．

平行 2 本線路の長さ l [m] にそれぞれ電流が I_1, I_2 流れていれば，その間に働く力は式 (7.37) に示されるように，

$$F = \frac{\mu_0 I_1 I_2 l}{2\pi r} \quad \text{[N]} \tag{7.37}$$

ここで，平行線路の間の距離を 1 [m] とし，各線路に 1 [A] の電流が流れれば，線路 1 [m] 当たりに働く力が 2×10^{-7} [N] であるから，

$$2 \times 10^{-7} \text{ [N]} = 2 \times 10^{-7} \text{ [kg} \cdot \text{m/s}^2\text{]}$$
$$= \mu_0 1 \text{ [A}^2\text{]} 1 \text{ [m]}/2\pi 1 \text{ [m]}$$

よって，

$$\mu_0 = 4\pi \times 10^{-7} \text{ [N/A}^2\text{]} = 4\pi \times 10^{-7} \text{ [H/m]} \tag{7.3}$$

となる．一方，波動方程式の解より，

$$c_0 = \frac{1}{\sqrt{\mu_0 \varepsilon_0}} \text{ [m/s]} \tag{6.5}$$

ただし，c_0 は真空中の電磁波の伝播速度である．よって，

$$\varepsilon_0 = \frac{10^{-9}}{36\pi} \text{ [F/m]} \tag{6.4}$$

となる．このように ε_0, μ_0 を定めれば，クーロンの法則は

$$F = \frac{Q_1 Q_2}{4\pi \varepsilon_0 \varepsilon_r r^2} \tag{6.5}$$

と多少複雑になるが，電磁界に関する基本式は非常に簡単になる．つまり，ガウスの定理は

$$\int_S \varepsilon_0 E_n dS = Q \tag{6.17}$$

アンペアの法則は
$$\oint H\,dl = I \tag{7.26}$$
であり，ファラデーの法則は
$$e = -\frac{\mu_0 S\,dH}{dt} \tag{8.1), (8.2}$$
また，磁界に関するガウスの定理は
$$\int_S \mu_0 H_n\,dS = 0$$
電界と電気変位の関係が
$$D = \varepsilon_0 E \tag{6.12}$$
磁界と磁束密度は
$$B = \mu_0 H \tag{7.7}$$
である．つまり，等式の中にほとんど係数が表れることなく記述されている．これらの関係を用いて，電気で用いられる単位系は付録 A に示すように定められている．

7.4 磁化と磁性体

平均長さ l [m] の環状ソレノイドに N 回のコイルを巻き，これに電流 I [A] を流すとコイルの内部には
$$H = \frac{NI}{l} \quad [\text{A/m}] \tag{7.42}$$
なる磁界が生ずる．この場合に，巻線の内部が真空であれば，磁束密度は
$$B_0 = \mu_0 H \quad [\text{T}] \tag{7.43}$$
である．磁束密度と磁界の方向は同じであって，係数 μ_0 で結ばれている．ところが，環状ソレノイドの内部に物質を満たすとその磁気的特性のために内部の磁束密度は B_0 から B に変化する．それを
$$B = \mu_0 H + J \quad [\text{T}] \tag{7.44}$$
と表せば，J は**磁化の強さ** (intensity of magnetization) といわれるものである．磁化の強さ J は，多くの物質においては磁界 H に比例するので
$$J = \chi H \quad [\text{T}] \tag{7.45}$$

とおき，χ を**磁化率** (magnetic susceptibility) という．ここで

$$\mu = \mu_0 + \chi = \mu_0 \mu_r \tag{7.46}$$

とおくと，

$$B = \mu_0 H + \chi H = \mu H \quad [\text{T}] \tag{7.47}$$

となり，この μ を**透磁率** (magnetic permeability) といい，**強磁性体**では，χ が一定の値ではなく，磁界の強さ，周波数などによって複雑な特性を示している．μ_r は**比透磁率** (relative permeability) であり物質によって定まる定数である．

χ の値によって次のように物質を磁気的に分類することができる．

$$\chi/\mu_0 \quad -10^{-5}\text{程度} \quad 逆磁性体$$
$$10^{-6}\sim 10^{-3} \quad 常磁性体$$
$$10^2\sim 10^4 \quad 強磁性体$$

次に円筒状の磁性体のまわりにソレノイドコイルを巻いて，磁界をかける場合について考えてみよう．磁性体内部の磁束密度 B_i は

$$B_i = B_0 + J = \mu_0 H + J \quad [\text{T}] \tag{7.48}$$

であって，H は外部磁界 (ソレノイドコイルの電流によって生ずる磁界) の強さであり，J は磁性体の磁化を表している．この結果，円筒の端面の断面積を $S\ [\text{m}^2]$ として，

$$m = JS \quad [\text{Wb}] \tag{7.49}$$

なる強さの磁極が端面に生じていると考えることができる．この m によって，磁性体の内部では

$$H_i = H_0 - \nu J \quad [\text{A/m}] \tag{7.50}$$

なる磁界強度と考えることができる．ここで ν は**減磁率** (demagnetizing factor) または**消磁率**という．ν の値は一般の形状では求められていないが，特殊な形状では次のようになる．

$$環状磁性体 \quad \nu = 0$$
$$長円筒磁性体 \quad \nu = 0$$

薄い板状磁性体　　$\nu = 1/\mu_0$

球状磁性体　　　　$\nu = 1/3\mu_0$

例題 7.6

比透磁率 1000 なる強磁性体を磁心とした環状ソレノイドを作りこの巻線に電流を 5 A 流した．巻回数を 300 回，磁路長を 40 cm として，磁心の中の磁束密度，磁化率，磁化の強さを求めよ．

解

磁束密度 B は
$$B = \mu H = \mu_0 \mu_r H = 4\pi \times 10^{-7} \times 1000 \times \frac{5 \times 300}{0.4} = 4.71 \text{ T}$$
磁化率は
$$\chi = (\mu_r - 1)\mu_0 = (1000 - 1) \times 4\pi \times 10^{-7} = 1.26 \text{ mH/m}$$
磁化の強さは
$$J = \chi H = 1.26 \times 10^{-3} \times \frac{5 \times 300}{0.4} = 4.71 \text{ T}$$
である．

7.5 磁 性 体

図 7.20 に示すように，環状磁心のまわりにソレノイドコイルを巻き，電流を流すと，先に求めたように内部の磁界は

$$H = \frac{NI}{2\pi a} \quad [\text{A/m}] \tag{7.51}$$

であり，その磁束密度は

$$B = \mu H = \mu_0 \mu_r H \quad [\text{T}] \tag{7.52}$$

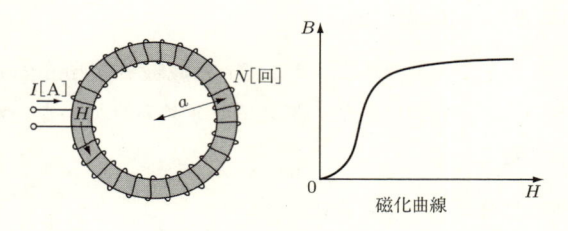

図 7.20 磁化曲線

で与えられる．しかし μ_r は定数ではなく，一般に

$$\mu_r = \mu_r(H) \tag{7.53}$$

と表され，複雑な非線形現象を示している．この B と H の関係を示すグラフを**磁化曲線** (magnetization curve, B–H 曲線) または**磁気飽和曲線** (magnetic saturation curve) という．

透磁率 μ は

$$\mu = \mu_0 \mu_r = \frac{B}{H} = \tan\theta \tag{7.54}$$

で示されるので，H に対する B の値を求めることによって，μ を算出できる．このようにして求めた曲線を図 7.21 に示す．μ_i を**初期透磁率** (initial permeability)，μ_m を**最大透磁率** (maximum permeability) という．特に

$$\mu = \frac{dB}{dH} \tag{7.55}$$

を**微分透磁率** (differential permeability) という．

図 7.22 に示した磁化曲線は，まったく磁化されていない強磁性体に一定方向の磁界を加え，その磁界を徐々に増加して得られた曲線である．H を増加させても，B が増加しなくなる飽和現象を示している．その後，磁界を弱くしていくと，もとの曲線上を戻らず，磁化はなかなか減少しない．磁界 H を 0 にしても，ある強さの磁化が残る．この磁化 B_r を**残留磁化** (residual magnetism) という．さらに磁界 H を最初と逆の方向に加えると，磁化は 0 になる．この時の磁界の強さ H_c を**保磁力** (coercive force) という．このように磁界 H を

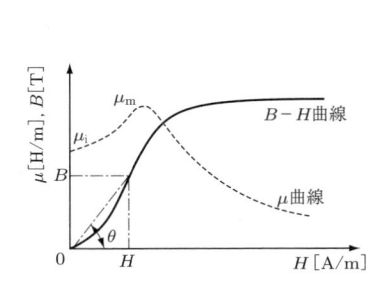

図 7.21　強磁性体の磁化曲線と透磁率

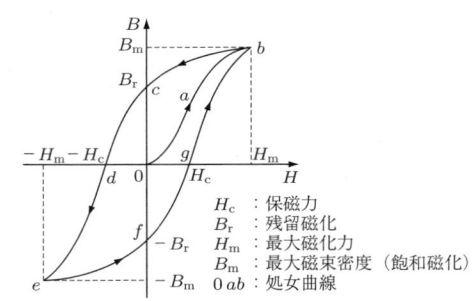

図 7.22　履歴曲線

$-H_\mathrm{m} \leq H \leq H_\mathrm{m}$ の範囲で変化させると，それに対応する磁化の範囲で変化し，図 7.22 のようにループを描く．これを**履歴曲線** (hysteresis curve) という．

ヒステリシスループを一回りすると，B と H はもとの値にもどり，加えられたエネルギーはすべて熱となる．ヒステリシスループを一回りするときに，外部から単位体積ごとに加えられるエネルギーは，このループによって囲まれる面積に等しい．このエネルギー w は

$$w = \eta B_\mathrm{m}^{1.6} \quad [\mathrm{J/m^3}] \tag{7.56}$$

で与えられる．B_m は**最大磁束密度**，η は磁性体によって定まる定数で，**ヒステリシス係数**という．η の値は $10^2 \sim 10^3$ 程度である．

周波数が f [Hz] では，熱となる電力は次のようになる．

$$P = f\eta B_\mathrm{m}^{1.6} \quad [\mathrm{W/m^3}] \tag{7.57}$$

永久磁石が利用されているものは小型モータ，電流計，スピーカなど多数あるが，これは残留磁化と保持力の大きい材料が望ましい．モータや変圧器の鉄心としての材料は，ヒステリシス曲線が急に立上り，その幅が狭く，小さな磁界の変化に対して，大きな磁化の変化が得られるものが望ましい．

さらに，強磁性体の磁化曲線は温度の影響を受ける．一般に温度が上昇すると徐々に磁化が減少し，材料によって定まる一定の温度に達すると急に強磁性を失い，常磁性体となる現象が生ずる．この磁気的特性が急に変わる温度を**臨界温度** (critical temperature) または**キュリー点** (Curie point) という．

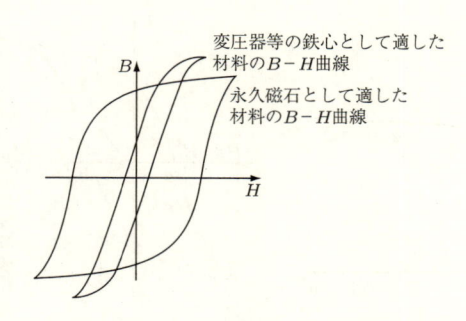

図 7.23 永久磁石と鉄心材料として適した磁化曲線

7.6 磁気回路

図 7.24 に示すように，磁性体を満たした N 回巻きの環状ソレノイドの巻線に電流 I [A] を流したときの磁性体部の磁界の強さは先に求めたように

$$H = \frac{NI}{2\pi a} \quad [\text{A/m}] \tag{7.58}$$

である．ここに満たしてある磁性体の透磁率を μ として磁束密度は

$$B = \mu H \quad [\text{T}] \tag{7.59}$$

となる．磁性体の断面積を S [m²] とすると磁束は

$$\phi = BS = \mu HS = \frac{NI}{l/\mu S} \quad [\text{Wb}], \quad (l = 2\pi a) \tag{7.60}$$

となる．ここで

$$F_\text{m} = NI \quad [\text{A}] \tag{7.61}$$

を**起磁力** (magneto-motive force) とよび，

$$R_\text{m} = \frac{l}{\mu S} \quad [\text{A/Wb}] \text{ または } [1/\text{H}] \tag{7.62}$$

を**磁気抵抗** (reluctance) とすれば，

$$\phi = \frac{F_\text{m}}{R_\text{m}} \quad [\text{Wb}] \tag{7.63}$$

なる関係が求められる．これは電気回路のオームの法則に対応するものであって，**磁気回路のオームの法則**という．電気回路との対応を表 7.1 に示す (対応関係は第 9 章に述べる)．

ここで図 7.25 のように，磁気回路の一部が異なる場合について考えてみよ

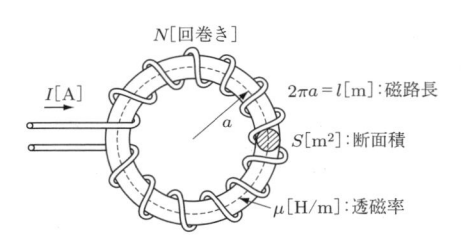

図 7.24 磁気回路

表 7.1 電気回路と磁気回路の対応

電気回路			磁気回路		
起電力	E	[V]	起磁力	F_m	[A]
電流	I	[A]	磁束	ϕ	[Wb]
電流密度	i	[A/m^2]	磁束密度	B	[T]
電気抵抗	$R = \dfrac{l}{\sigma S}$	[Ω]	磁気抵抗	$R_\mathrm{m} = \dfrac{l}{\mu S}$	[A/Wb]
導電率	σ	[S/m]	透磁率	μ	[H/m]
逆起電力	$V = RI$	[V]	磁位降下	$F = R_\mathrm{m}\phi$	[A]

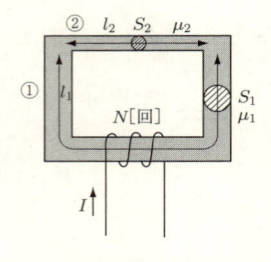

図 7.25 磁気抵抗の異なった回路

う．磁気回路①と②が直列に接続されており，それぞれの回路の透磁率，断面積，磁路長を μ_1, μ_2 [H/m], S_1, S_2 [m^2], l_1, l_2 [m] とすれば，磁気抵抗は

$$R_\mathrm{m1} = \frac{l_1}{\mu_1 S_1}, \qquad R_\mathrm{m2} = \frac{l_2}{\mu_2 S_2} \tag{7.64}$$

であり，起磁力を $F_\mathrm{m} = NI$ [A] とすれば，磁気回路に流れる磁束 ϕ [Wb] は

$$F_\mathrm{m} = NI = R_\mathrm{m1}\phi + R_\mathrm{m2}\phi \quad [\mathrm{A}] \tag{7.65}$$

$$\therefore \quad \phi = \frac{F_\mathrm{m}}{R_\mathrm{m1} + R_\mathrm{m2}} \quad [\mathrm{Wb}] \tag{7.66}$$

磁気抵抗が直列に接続されている場合と等しいものとして表される．

　磁気回路の中の磁束は，電気回路の中の電流とは異なり，磁路を構成する磁性体の透磁率と空気の透磁率の差は $10^2 \sim 10^4$ 程度である．したがって空気は磁気に対してそれほど良い絶縁体とはならず，周囲の空間に漏れやすい．また，一般に強磁性体の磁化曲線は飽和特性をもち，起磁力と磁束の間には直線関係が成立しない．さらに，起磁力が大きく変化する場合には，磁束はヒステリシス特性を示す．つまり，磁気回路にオームの法則が適用できるのは，起磁力と

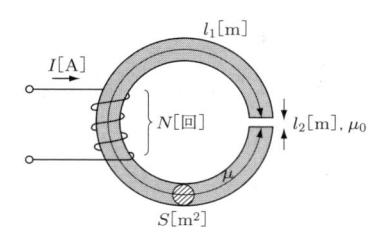

図 7.26 エアギャップのある磁気回路

磁束の間の直線性の成立する範囲に限られている．

漏れ磁束を積極的に利用する方法として，磁心にエアギャップを設けることがある．図 7.26 のようにエアギャップのある磁気回路を考える．磁心の長さを l_1 [m]，断面積を S [m^2]，透磁率を $\mu = \mu_0 \mu_r$ [H/m] とし，エアギャップの長さを l_2 [m] とする．エアギャップは十分に小さいものとして，その空間の透磁率は μ_0 [H/m] とする．その結果，磁束 ϕ は磁心の中も，ギャップの中もともに断面積 S [m^2] の中のみを平等に通過するものとし，磁気抵抗は直列と考えられるので，

$$R_{m1} = \frac{l_1}{\mu S} = \frac{l_1}{\mu_0 \mu_r S} \quad [\text{A/Wb}]$$

$$R_{m2} = \frac{l_2}{\mu_0 S} \quad [\text{A/Wb}]$$

$$\therefore \quad R_m = R_{m1} + R_{m2} = \frac{l_1}{\mu_0 \mu_r S}\left(1 + \frac{l_2}{l_1}\mu_r\right) \quad [\text{A/Wb}] \quad (7.67)$$

であり，起磁力を $F_m = NI$ として

$$\phi = \frac{F_m}{R_m} = \frac{NI}{\dfrac{l_1}{\mu_0 \mu_r S}\left(1 + \dfrac{l_2}{l_1}\mu_r\right)} \quad [\text{Wb}] \quad (7.68)$$

となる．エアギャップのない場合の磁束を ϕ_0 とすれば

$$\phi_0 = \frac{NI}{\dfrac{l_1 + l_2}{\mu_0 \mu_r S}} = \frac{NI}{\dfrac{l_1}{\mu_0 \mu_r S}\left(1 + \dfrac{l_2}{l_1}\right)} \quad (7.69)$$

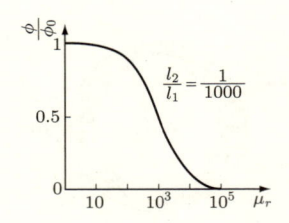

図 **7.27** エアギャップの影響による磁束の減少

$$\frac{\phi}{\phi_0} = \frac{1 + \dfrac{l_2}{l_1}}{1 + \dfrac{l_2}{l_1}\mu_r} \tag{7.70}$$

その結果，たとえば，$l_2/l_1 = 1/1000$，$\mu_r = 1000$，としても，$\phi/\phi_0 = 1/2$ となり，磁束は著しく減少することになる．その様子を図 7.27 に示す．

演習問題 7

7.1 非常に長い直線状の線路がある．この電線に 1 mA の直流電流が流れている．この線路から 10 cm の距離の点の磁界強度と磁束密度を求めよ．

7.2 半径 10 cm の 1 回巻きのコイルがある．コイルの中心の磁束密度を地磁気に等しくしたい．電流をいくら流せばよいか．地磁気の水平分力は 30 μT とする．

7.3 1 辺の長さが 10 cm の正方形のコイルがある．このコイルに 10 mA の電流を流した．コイルの中心の磁界強度を求めよ．

7.4 間隔 20 cm で無限に長い 2 本の平行導体に往復の電流 10 A が流れている．この往復導体の中心の磁束密度を求めよ．

7.5 磁束密度 10 mT の平等磁界中に長さ 20 cm の直線導体を磁界と直角に置き，導体に 0.3 A の電流を流した．この導体の受ける力を求めよ．

7.6 真空中に間隔 1 m で平行に張られた無限に長い線路に 1 A の往復電流が流れている．この導体 1 m ごとに働く力を求めよ．

7.7 鉄心を磁気回路とするコイルがある．このコイルの起磁力が 1 kA のとき，磁束が 25 mWb である．この鉄心の磁気抵抗を求めよ．

7.8 磁気回路を形成する鉄心の長さが l [m] とし，鉄心の断面積を S [m^2] とする．この回路の磁気抵抗を R_m [A/Wb] とすれば，この材料の透磁率はいくらか．

7.9 一周の平均長さが 40 cm の環状磁心がある．この磁心に導線が 2000 回巻いてある．このコイルに 0.1 A の電流を流した．この磁心の内部の磁界を求めよ．

7.10 平均半径が 5 cm の環状ソレノイドコイルがある．磁心は鉄である．このコイル

は1500回巻いてある．コイルに流れている電流は20 mAである．鉄心の比透磁率が1000である．このソレノイドコイルの内部の磁束密度を求めよ

7.11 空気中において，2 mWbのN極から10 cm離れた点における磁界の強さ，および磁束密度を求めよ．

7.12 長さl [m]，磁極の強さm [Wb]である2本の棒磁石を一直線上にr [m]離して空気中に置かれている．吸引力を求めよ（図7.28）．

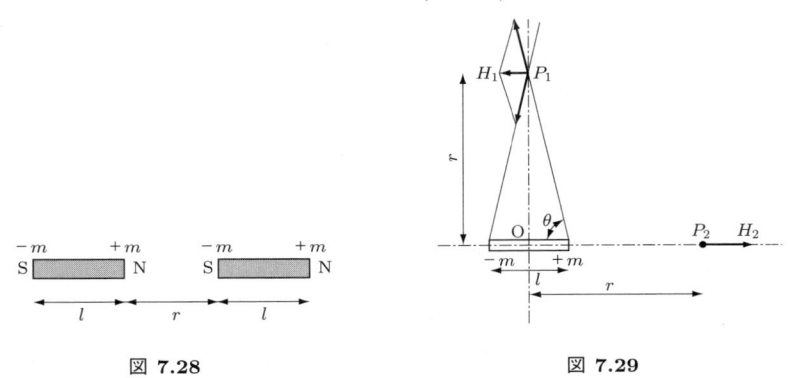

図 7.28

図 7.29

7.13 強さ$+m$ [Wb]と$-m$ [Wb]の二つの点磁荷が微小な距離l [m]を隔てて，置かれているとき，これを磁気双極子という．$M = ml$ [Wb·m]を磁気双曲子モーメントとよぶ．2磁荷の中心Oからr [m]（$r \gg l$）だけ離れた点の磁界を求めよ．ただし二つの磁荷の軸上の点と，2等分線上の点で求めよ（図7.29）．

7.14 同一平面上に中心をそろえて，2個の1回巻きの円形コイルがおいてある．各コイルには，それぞれ抵抗R_1，R_2を通して電源E_1，E_2に接続されている．コイルの中心における磁界を0とするためにはコイルの半径の比はいくらか．ただしコイルの抵抗は無視する．

7.15 半径a [m]の相等しい平行円形コイルに電流I [A]を流している．二つのコイルは中心軸をそろえて距離$2b$離れている．二つのコイルの中間よりx [m]離れた点の磁界を求めよ．また$2b = a$のときには，磁界はコイルの中間の点で近似的に平等となることを示し，その時の磁界H_0を求めよ．

7.16 環状ソレノイドがあり，そのソレノイドの平均半径を5 cmとする．巻数500で巻線に1 Aの電流を流したときのソレノイドの中心軸上の磁界の強さおよび磁束密度を求めよ．ただし空気中と考えよ．

7.17 半径a [m]，長さl [m]の円筒に導線を密巻きにしてある直線状の円筒ソレノイドに電流I [A]を流している．中心軸上の磁界の強さを求めよ．ただし1 m当りの巻線をnとする．

7.18 長さ10 mの電線を東西に張り東から西へ30 Aの電流を流している．地球磁気は水平分力のみとして，その磁束密度を30 μTとする．導線の受ける力を求めよ．

7.19 5 A の電流が流れている直線状の導線 50 cm が，一様な磁界強度 10 A/m の空間を磁界に直角に 1 m 動いた．この場合に電磁力のした仕事を求めよ．

7.20 一定の磁界 (磁束密度 B [T]) の中のコイルの回転で電流を測定する直流電流計の振れの角度 θ と電流 I の関係を求めよ．ただしコイルの面積が S [m^2] で n 回巻きとする．コイルにつけたばねによる弾性力の係数を k とし，コイルの面は電流 0 のときに磁界と平行となってつり合うように設定する．

7.21 磁界の強さ 450 [A/m] の平等磁界の中に比透磁率 300，減磁率 3.5×10^3 の鉄棒を置いたとき，鉄棒の磁化率，鉄棒の磁化の強さ，鉄棒の中の磁界の強さ，磁束密度を求めよ．

7.22 ある鋳鉄の磁化曲線を実験によって求めたところ，表 7.2 のようになった．この表より μ_r の値を求めよ．

表 7.2

H [A/m]	0.25	0.5	1.0	1.5	2.0	2.5	3.0	3.5	4.0
B [T]	0.03	0.09	0.24	0.42	0.65	0.84	1.00	1.09	1.16

7.23 矩形のヒステリシス曲線をもつ磁性体を毎秒 f [Hz] で $+H_0 \sim -H_0$ [A/m] の間で変化する磁界の中に入れるときに，発生する毎秒の熱量を求めよ．ただし，保磁力を H_C [A/m]（ただし $H_C < H_0$ とする），残留磁化を B_r [T] とし，その体積を V [m^3] とする．

7.24 透磁率 μ_1，μ_2 の 2 種の磁性体の境界面に垂直に一様な磁界がある．この境界に働く力を求めよ．ただし，磁束密度を B とする．

7.25 鉄心入りの環状ソレノイドがあり，100 A の起磁力によって，鉄心中に 10 μWb の磁束を生じた．その鉄心の磁気抵抗を求めよ．

7.26 環状鉄心の回りに 1500 回の巻線を平等に巻いた．環状鉄心の平均磁路長を 50 cm，鉄心の断面積を 6 cm^2 とする．鉄心の一部に 0.5 cm のギャップがあり，このギャップに 1 T の磁束密度を発生させたい．巻線にいくらの電流を流せばよいか．ただし，鉄心の磁化曲線は図 7.30 の通りであり，ギャップは空気中にあるものとする．またこのとき，鉄心中の磁束はいくらか．

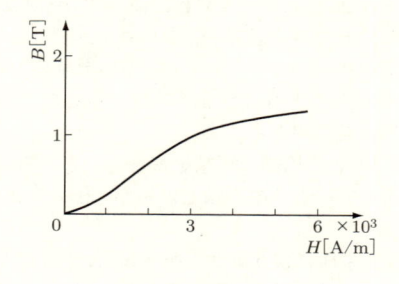

図 7.30

8 電磁誘導

変化する磁界の中の置かれたコイルには起電力が発生する．この起電力と磁束密度，磁界を横切る電線の方向の関係がフレミングの右手の法則である．この関係が発電機の原理である．

コイルに電流を流した場合の電流と発生する磁束の関係が自己インダクタンスである．二つのコイルの間の結合が相互インダクタンスとして定義される．各種の形状のインダクタンスを求める．

8.1 電磁誘導作用

図 8.1 に示すように，コイルに磁石の N 極を近づけていくと，コイルの内部を通過する磁束 ϕ が $\phi + \Delta\phi$ に増加する．この場合に，コイルには図の方向に起電力を生ずる．逆に磁束 ϕ を減少させれば，起電力の方向は逆になる．このような現象を**電磁誘導** (electromagnetic induction) という．ここで生ずる起電力を**誘導起電力** (induced electromotive force)，電流を**誘導電流** (induced current) という．ここで誘起される起電力は，その導体と鎖交している磁束数が時間に対して変化する割合に比例するという**ファラデーの法則** (Faraday's

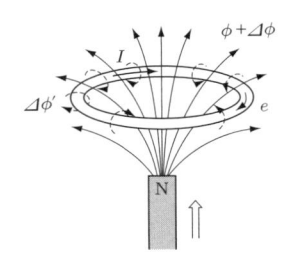

図 8.1 電磁誘導

law) がある．

$$e = -\frac{\Delta \phi}{\Delta t} \quad [\text{V}] \tag{8.1}$$

電磁誘導によって生ずる起電力の方向については (前式の負号の意味)，レンツの法則 (Lenz's law) があり，誘導電流の作る磁束 $\Delta \phi'$ が，磁束の増減を妨げる方向になる．

図 8.2 に示すように，磁束密度 B [T] の一様な磁界中を長さ l [m] の直線導体が磁界と直角方向に速度 v [m/s] で動くとき，その導体には起電力 e [V] が誘起される．

$$e = Blv \quad [\text{V}] \tag{8.2}$$

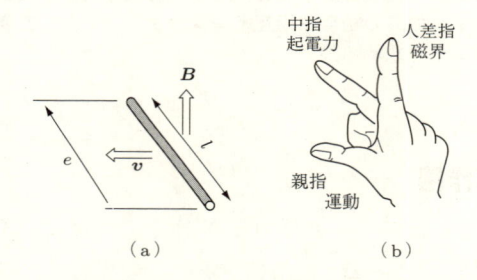

図 **8.2** 磁界中を運動する導体に生ずる起電力とフレミングの右手則

以上の関係は，磁界中の電流が受ける式とよく似ており，B, v, e の方向の関係を具体的に表わす方法として，**フレミングの右手の法則** (Fleming's right-hand rule) がある．図 8.2 (b) に示すように，右手の親指，人差指，中指を互いに直角に曲げて，それぞれ運動の方向，磁界の方向に一致させると中指が起電力の方向に一致するというものである．

次に，導体が運動する方向が図 8.3 に示すように磁界と θ の角度をなす場合を考えてみよう．この場合には，導体の運動速度の磁界に直角な成分は $v \sin \theta$ となるので，導体に生ずる誘導起電力は

$$e = Blv \sin \theta \quad [\text{V}] \tag{8.3}$$

となる．

図 8.4 に示すように，面積 S [m^2] のコイルが一様な磁束密度 B [T] なる磁界

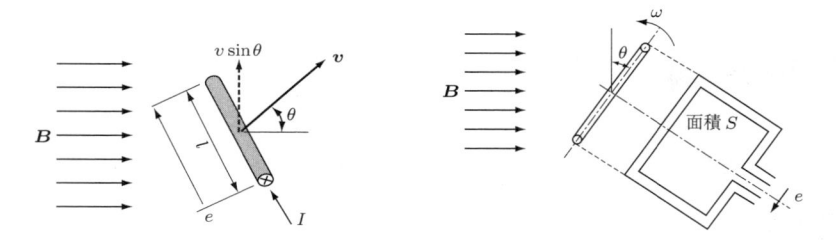

図 8.3 導体が θ の方向へ動く場合の起電力　　**図 8.4** 回転するコイル

中を，中心軸のまわりに角速度 (angular velocity) ω [rad/s] で回転する場合を考えよう．コイル面と磁束密度 B の方向とのなす角が θ のときに，コイル面を通過する磁束数は

$$\phi = BS\cos\theta \quad [\text{Wb}] \tag{8.4}$$

であり，コイルが回転するときに，コイルに誘起される起電力 e [V] は

$$e = -\frac{d\phi}{dt} = -BS\frac{d}{dt}\cos\theta = BS\sin\theta\frac{d\theta}{dt} = \omega BS\sin\theta \quad [\text{V}] \tag{8.5}$$

となる．ただし，$\theta = \omega t$ [rad] である．コイルが N 回巻きであれば，

$$e = N\omega BS\sin\theta \quad [\text{V}] \tag{8.6}$$

である．これより，コイルに誘導される起電力は**正弦波状** (sinusoidal wave) に変化することがわかる．このような起電力を**交流電圧** (alternating voltage) または交流 (alternating current, 略して AC) という．これが**交流発電機**の原理

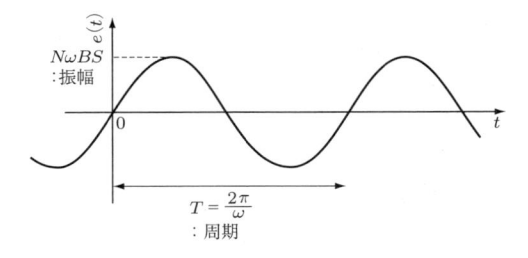

図 8.5 正弦波電圧

例題 8.1

10回巻きのコイルに 0.1 Wb の磁束が鎖交している.この磁束を 0.01 s 間に消滅させれば,コイルに誘導される起電力はいくらか.

解

誘導される起電力 e [V] は
$$e = -N\frac{\Delta\phi}{\Delta t} = -10\frac{0.1}{0.01} = -100 \text{ V}$$
ここで,$-$ の記号は,磁束を減らさない方向に生ずるものである.

例題 8.2

1辺が 10 cm の正方形のコイルがある.コイル面を鉛直において,その鉛直な中心を軸として,1500 rpm で回転させた.コイルに誘導する起電力の最大値は 4.71 mV であった.コイルの巻数は 100,地球磁界は水平成分のみであるとして,その水平成分の磁界強度を求めよ.

解

コイルに誘導される電圧の最大値は
$$e = \omega N B S$$
であり,
$$\omega = \frac{1500}{60} \times 2\pi \text{ rad/s}, \quad N = 100 \text{ 回}, \quad S = 0.01 \text{ m}^2$$
とすれば
$$B = \frac{e}{\omega N S} = \frac{4.71 \times 10^{-3}}{\frac{1500}{60} \times 2\pi \times 100 \times 0.01} = 3.0 \times 10^{-5} \text{ T}$$
となって,磁界強度は
$$H = \frac{B}{\mu_0} = \frac{3.0 \times 10^{-5}}{4\pi \times 10^{-7}} = 23.9 \text{ A/m}$$
である.

8.2 自己インダクタンス

図 8.6 に示すようなコイルに,一定電流 I [A] を流すと,この電流によって鎖交磁束 ϕ [Wb] が生ずる.コイルが真空中にあるものとして,磁束 ϕ は電流

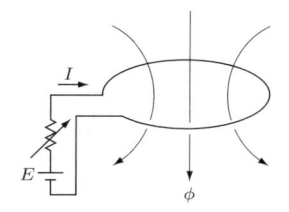

図 8.6 自己インダクタンス

I に比例するので，

$$\phi = LI \quad [\text{Wb}] \tag{8.7}$$

とおけば，この比例定数 L をコイルの**自己インダクタンス** (self-inductance) または**自己誘導係数** (coefficient of self induction) という．自己インダクタンスの単位はヘンリー [H] である．インダクタンス L の大きさは，コイルの大きさ，形状，巻数，周囲の媒質の透磁率などによって定まる．

コイルに流れる電流を変化させると，**鎖交磁束数**が変化する．その結果，電磁誘導の法則によって，コイルに逆起電力が発生する．これを自己誘導作用 (self-induction) という．その逆起電力の大きさは

$$e = -\frac{d\phi}{dt} = -L\frac{di}{dt} \quad [\text{V}] \tag{8.8}$$

であり，この式の負号の意味つまり生ずる起電力の方向はレンツの法則によって，電流の変化を妨げる方向である．

自己インダクタンスに流れている電流を増加させようとすると，それに反抗する起電力が誘起される．この逆起電力に対して，さらに電流を流すためには，仕事をする必要があり，この仕事はインダクタンスを流れている電流によって作られる磁界のエネルギーとして蓄えられている．

電流 i が変化するときにインダクタンスに誘導される逆起電力は

$$e = -L\frac{di}{dt} \tag{8.9}$$

であり，逆起電力 e をもつ回路に電流 i を流したときに必要とする仕事は

$$dW = -eidt = L\frac{di}{dt}idt = Lidi \quad [\text{J}] \tag{8.10}$$

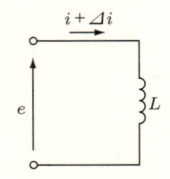

図 8.7 インダクタンスに蓄えられているエネルギー

である．これは自己インダクタンス L に電流 i が流れているときに，電流を di だけ増加させるのに必要な仕事であるから，電流を 0 から I まで増加させるのに必要な仕事は

$$W = \int dW = \int_0^I Lidi = \frac{1}{2}LI^2 \quad [\mathrm{J}] \tag{8.11}$$

である．つまり自己インダクタンス L [H] に電流 I [A] が流れているときは，この自己インダクタンスは $LI^2/2$ [J] のエネルギーを蓄えていることになる．

例題 8.3

巻数 500，自己インダクタンス 5 mH のコイルがある．このコイルに 3 A の電流を流したとき，コイル面を貫く磁束を求めよ．またこの電流を 0.5 s 間に消滅させたい．発生する逆起電力はいくらか．

解

コイルに鎖交する磁束は

$$\phi = LI = 5 \times 10^{-3} \times 3 = 15 \times 10^{-3} = 15 \text{ mWb}$$

よってコイル面を貫く磁束は，

$$\phi_0 = \frac{\phi}{N} = \frac{15 \times 10^{-3}}{500} = 3 \times 10^{-5} = 30 \text{ μWb}$$

である．電流を 0 とするときに生ずる逆起電力は

$$e = -\frac{d\phi}{dt} = -L\frac{di}{dt} = 5 \times 10^{-3} \times \frac{3}{0.5} = 3 \times 10^{-2} = 20 \text{ mV}$$

となって，逆起電力の方向は，さらに電流を流しつづける方向である．

8.3 相互インダクタンス

図 8.8 に示すように，2 面のコイルを近づけておき，コイル 1 に電流 I_1 を流すと，これによって作られる磁束 ϕ_1 の一部が，コイル 2 と鎖交する．コイル 2

8.3 相互インダクタンス

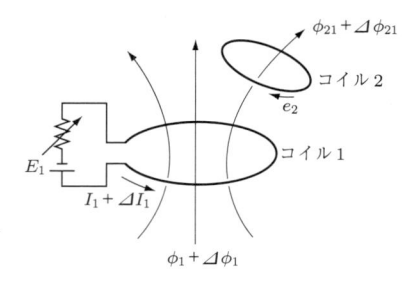

図 8.8 相互インダクタンス

と鎖交する磁束を ϕ_{21} とする．電流 I_1 が $I_1 + \Delta I_1$ に変化すれば，それに伴って磁束 ϕ_1 も $\phi_1 + \Delta\phi_1$ に変化する．その結果コイル 2 と鎖交する磁束 ϕ_{21} も $\phi_{21} + \Delta\phi_{21}$ となり，コイル 2 には起電力 e_2 が誘起される．この値は

$$e_2 = -\frac{d\phi_{21}}{dt} = -M_{21}\frac{dI_1}{dt} \quad [\text{V}] \tag{8.12}$$

として表される．ここで

$$\phi_{21} = M_{21}I_1 \tag{8.13}$$

そあって，この比例定数 M_{21} は L と同じく，二つのコイルの大きさ，形状，相互位置などの幾何学的な量，およびコイル周囲の物質の透磁率によって定まるもので，これを**相互インダクタンス** (mutual inductance) という．

コイルそれ自身でも自己インダクタンスをもち，2 個のコイルが磁束によって結合している場合は，さらに相互インダクタンスをもつことになる．コイル 1 に流れる電流 I_1 によって作られる磁束を ϕ_1，そのうちでコイル 2 に結合する磁束を ϕ_{21} とすれば，

$$M_{21} = \frac{\phi_{21}}{I_1} \tag{8.14}$$

であり，コイル 2 に流す電流によってコイル 1 に鎖交する磁束を ϕ_{12} とすれば，

$$M_{12} = \frac{\phi_{12}}{I_2} \tag{8.15}$$

で与えられる．これらは等しくなり，

$$M = M_{12} = M_{12} \tag{8.16}$$

であって，コイルの形や配置には関係なく等しい値をもち，その単位は自己インダクタンスと同様にヘンリー [H] である．

一方，各コイルの自己インダクタンスは

$$L_1 = \frac{\phi_1}{I_1} \qquad L_2 = \frac{\phi_2}{I_2} \tag{8.17}$$

である．図 8.9 からも明らかなように，コイル 1 の作る磁束がすべてコイル 2 に交わるのであれば，

$$\phi_1 = \phi_{21}$$

であり，逆に

$$\phi_2 = \phi_{12}$$

も成立するので，

$$M^2 = \frac{\phi_{21}\phi_{12}}{I_1 I_2} = \frac{\phi_1 \phi_2}{I_1 I_2} = L_1 L_2 \tag{8.18}$$

$$\therefore \quad M = \pm\sqrt{L_1 L_2} \tag{8.19}$$

となる．しかし，一般には磁気的に完全に結合することはなく

$$\phi_1 > \phi_{21}, \qquad \phi_2 > \phi_{12}$$

が成立するので

$$M = \pm k\sqrt{L_1 L_2} \qquad (0 \leqq k \leqq 1) \tag{8.20}$$

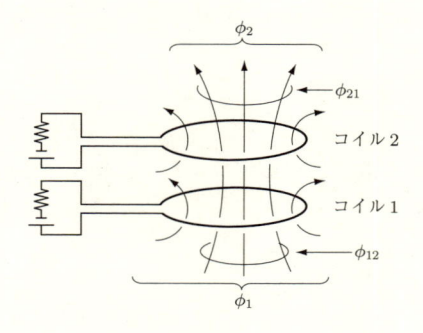

図 8.9 二つのコイルの結合

となる．ここで k は**結合係数** (coefficient of coupling) といわれる．$k=1$ は漏れ磁束 (1eakage flux) がなく，二つのコイルが磁気的に完全に結合している場合であり，$k=0$ はまったく結合していない場合に相当する．

相互インダクタンスが $\pm$ の値をとる理由は，電流 I_1 によって作られる磁束がコイル 2 と交わる磁束 ϕ_{21} によって M_{21} が定義されているのであるから，電流 I_2 の向きと磁束 ϕ_{21} の向きによって，M_{21} の値は正にも負にもなる．つまり 2 個のコイルの電流によって作られる磁束が同じ方向である場合を M が正であると考えることにする．

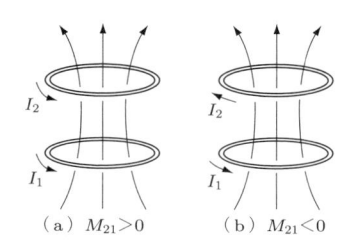

（a）$M_{21}>0$ （b）$M_{21}<0$

図 **8.10** 相互インダクタンスの正負の関係

例題 8.4

図 8.11 に示すように自己インダクタンスがそれぞれ L_1, L_2 [H] で，相互インダクタンスが M [H] なる 2 個のコイルを直列に接続した場合の合成の自己インダクタンスを求めよ．

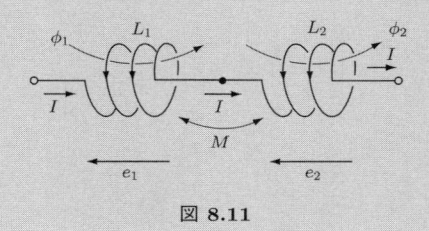

図 **8.11**

解

コイルに電流 I [A] を流したときに，コイル 1 の逆起電力は，自己誘導の電圧 e_{11} と相互誘導の電圧 e_{12} の和であり，各電流による磁束は相加する方向であるから

$$e_1 = e_{11} + e_{12} = \left(-L_1 \frac{dI}{dt}\right) + \left(-M \frac{dI}{dt}\right) \quad [\text{V}]$$

同様に，コイル 2 についても考えられ

$$e_2 = e_{22} + e_{21} = \left(-L_2 \frac{dI}{dt}\right) + \left(-M \frac{dI}{dt}\right) \quad [\text{V}]$$

となって，合成の逆起電力 e_0 は

$$e_0 = -L \frac{dI}{dt} = -(L_1 + L_2 + 2M) \frac{dI}{dt} \quad [\text{V}]$$

となるので，合成の自己インダクタンスは

$$L = L_1 + L_2 + 2M \quad [\text{H}]$$

と考えられる．

　第 2 のコイルを逆に接続して，磁束が差として働く場合には，合成の自己インダクタンスは

$$L = L_1 + L_2 - 2M \quad [\text{H}]$$

となることは，各自で考えよ．

8.4 インダクタンスの計算

　インダクタンスの値はそのコイル面に鎖交する磁束数によって求められるので，磁束の分布がわかっている場合には比較的簡単に計算することができる．

　図 8.12 に示すような，一様に巻線の施されている環状ソレノイドに電流 I [A] を流したときの磁束鎖交数 ϕ は，

$$\phi = \frac{\mu I N^2 S}{l} \quad [\text{Wb}] \tag{8.21}$$

であって，μ [H/m] は磁心の透磁率，N [回] は巻線数，S [m^2] は磁心の断面積，l [m] は平均磁路長である．したがって，自己インダクタンスは

$$L = \frac{\phi}{I} = \mu N^2 \frac{S}{l} \quad [\text{H}] \tag{8.22}$$

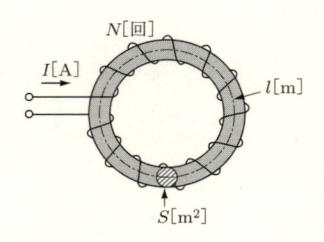

図 8.12　環状ソレノイド

である.

図 8.13 に示すような無限長ソレノイドでは,長さ 1 m 当りの磁束鎖交数は

$$\phi_0 = \mu n^2 IS \quad [\text{Wb/m}] \tag{8.23}$$

となるので,長さ l [m] 当りのインダクタンス L [H] は

$$L = \mu n^2 Sl \quad [\text{H}] \tag{8.24}$$

である.ただし,1 m 当りの巻数を n 回,磁心の透磁率を μ [H/m],磁心の断面積を S [m^2] とする.

図 8.13 無限長ソレノイド

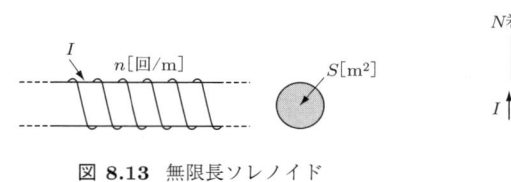

図 8.14 有限長ソレノイド

図 8.14 に示す有限長ソレノイドの場合には,磁心の直径 D [m],コイルの長さ l [m] の円筒に 1 m 当り n 回巻き,つまり全体で N 回巻きのコイルの自己インダクタンス L [H] は

$$L = K \cdot \mu n^2 \frac{\pi D^2}{4} l \quad [\text{H}] \tag{8.25}$$

となって,無限長ソレノイドよりも小さくなる.ただし K は D/l の値によって決まる係数であって,0〜1 の値をとり,**長岡係数** (Nagaoka's coefficient) である (図 8.15).

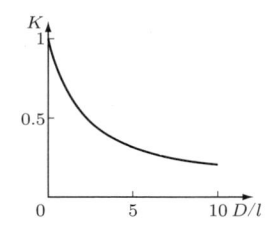

図 8.15 長岡係数

演習問題 8

8.1 1回巻きのコイルに 0.01 s ごとに 0.1 Wb の磁束を増加させて，通過させた．このコイルに発生する起電力はいくらか．

8.2 10回巻きのコイルに磁束が鎖交している．このコイルに鎖交している磁束を 0.1 s 毎に 0.3 Wb ずつ減少させた．このコイルに発生する起電力はいくらか．

8.3 100回巻きのコイルに $\phi = 2.65 \sin(2\pi \times 60 t)$ [mWb] の磁束が鎖交した．コイルに誘起される起電力を求めよ．

8.4 1 mH のコイルに 0.2 A の電流が流れた．このコイル鎖交する磁束を求めよ．

8.5 20 mH のコイルに 4 mA の電流が流れている．このコイルに蓄えられている磁気エネルギーを求めよ．

8.6 二つのコイルが結合している．二次コイルの巻き数は 1 回である．一次コイルに電流 300 mA を流した，二次コイルに鎖交した磁束は 90 μWb であった．この二つのコイルの相互インダクタンスを求めよ．

8.7 二つのコイルのインダクタンスが L_1, L_2 である．このコイルが相互インダクタンス M で結合している．この二つのコイルが作る磁束がお互いに減ずるように接続してある．このコイルを直列に接続した．新しく作られたコイルの自己インダクタンスはいくらか．

8.8 コイル L の中ほどから端子を取り出し，コイルを L_1 と L_2 に分けた．コイル L_1 と L_2 の結合を表す相互インダクタンス M を最大にするには，端子をどのような位置からとり出せばよいか．

8.9 磁心の比透磁率が 1000 の環状ソレノイドにコイルが 100 回巻いてある．環状ソレノイドの平均半径を 5 cm とし，環状ソレノイドの断面積を 2 cm^2 とする．このコイルのインダクタンスを求めよ．

8.10 地上 h [m] の高さに地面に平行に張られた半径 a [m] の直線導体の単位長さ当たりの自己インダクタンスを求めよ．ただし，地面は完全導体とし，周囲は真空とする．$h \gg a$ の関係があり，導体の内部インダクタンスは無視する．また，$h = 5$ cm, $a = 1$ mm として，自己インダクタンスを求めよ．

8.11 3 T の一様な磁界中に，これと直角に 10 cm の導線を置き，磁界と直角の方向に 20 m/s の速さで移動させた場合の起電力はいくらか．

8.12 200 km/h の速度で水平に走る列車の車軸の長さを 1435 mm とすれば，車軸に誘導される起電力はいくらか．ただし地磁気の鉛直分力を 26 A/m とする．

8.13 巻数 800，直流抵抗 3 Ω の環状ソレノイドの端子に起電力 8 V，内部抵抗 1 Ω の電池をつないだ．この状態で，ソレノイドに鎖交している磁束を毎秒 5×10^{-3} Wb の割合で増加させると，コイルを流れる電流はどのようになるか．

8.14 平均磁路長 l [m]，断面積 S [m^2]，比透磁率 μ_r の環状磁性材料で N 回巻のコイルを作った．このソレノイドの自己インダクタンスを求めよ．次にこの磁性材料に a [m] の小さなギャップを設けた．インダクタンスはどのように変化するか．

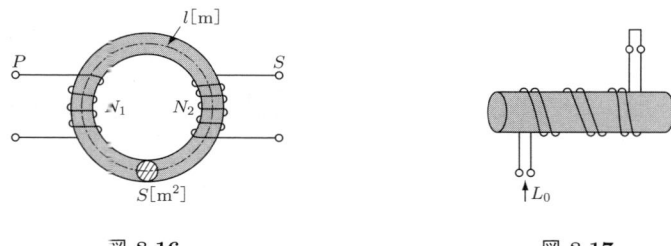

図 8.16

図 8.17

8.15 図 8.16 のように平均磁路長 l [m],断面積 S [m^2],比透磁率 μ_r の環状磁性材料に二つのコイル P, S をそれぞれ N_1, N_2 と同方向に巻いてある.コイルの相互インダクタンスを求めよ.ただし漏れ磁束はないものとする.

8.16 図 8.17 のように 2 本の線をまとめて巻いてコイルを作った.先端を短絡して一つのコイルとした.各々のコイルの巻線抵抗を R [Ω],自己インダクタンスを L [H] とし,相互インダクタンスを M [H] として,結合係数は 1 である.全体のコイルのインダクタンスと抵抗を求めよ.

8.17 円筒状にコイルを巻いてある.巻数は 20 で,コイルの直径は 3 cm,コイルの長さも 3 cm である.このコイルのインダクタンスを求めよ.ただしコイルの内部は空気である.

8.18 大地上 h [m] のところに,地面に平行に張られた非常に長い直線導体の単位長当りの自己インダクタンスを求めよ.ただし導体は円形でその半径は a [m] である.

8.19 インダクタンス 3 H のコイルに 4 A の電流が流れている.このコイルに蓄えられている磁気エネルギーを求めよ.

8.20 電磁石について,接触面積が 100 cm^2 であって,その面の磁束密度は 2 T である.この電磁石の吸引力を求めよ.

9 機械系と電気系の類推

　この章では，電気回路には直接関係ないが，他の物理現象を電気回路に類推して解析する手法について学ぶ．電気現象は直接見ることはできないが，回路を流れる電流や端子電圧をオシロスコープで観測することができる．

　そこで，機械系の振動現象を電気回路の応答電流と相似な関係を用いて解析し，現象の理解を助けることを考える．一般的に機械現象の振動の周波数は非常に低く，実時間で現象をオシロスコープなどに描くことには適さないが，適当なスケーリングを行うことによって，実時間の観測に適した現象に置き換えることができる．

　また，熱の伝達は抵抗とコンデンサの回路で類推することができ，建築における壁の熱拡散などに応用できる．

9.1　電磁気における類推

　電磁現象は，直接目で観測できないものが多く，そのために理解しにくく，とらえにくいものとなっている．一方，力学・熱学などは発展の歴史も古く，かつ直観的に理解しやすいという利点がある．

　静電気におけるクーロンの法則や磁気に関するクーロンの法則は，ニュートンの万有引力の法則から類推され，予測されたものと考えられる．その結果，相互に働く力はまったく同形であることをたしかめ，

$$F = k\frac{Q_1 Q_2}{r^2} \tag{9.1}$$

となっている．

　以上のように，電磁気学の発展において類推が大いに利用されたと考えられるが，この章で述べようとすることは，基礎的な問題や応用の問題を類推によって解こうとすることである．つまり類推とは，異なる対象に対して同じ形をしている法則がある場合に，すでに知られている事実あるいは結果を適当な

スケーリングを行うことによって，他方にも適用しようとするものである．特に一方が目に見え，直接観測することができて，他方が直接観測しにくい場合には，直観に訴えるのに有効な手段となる．

第7章で学んだように電気回路と磁気回路の例を考えてみよう．電気回路は電流の流れる枝の接続されたものであり，電流は任意の点に加えられた起電力によって生じている．電気回路の多くの問題は，キルヒホッフの法則などの種々の法則を適用することによって各枝の電流を求めることである．

強磁性体は通常の誘電体などに比べて非常によく磁束を通す性質があるので，この強磁性体により磁束の通る枝を構成したものが磁気回路であり，電気回路との間に次のような対応が成立する (表 9.1 を参照)．

表 9.1 電気回路と磁気回路の対応

電気回路		磁気回路	
電流	I	磁束	ϕ
起電力	V	起磁力	F_m
電気抵抗	R	磁気抵抗	R_m

この結果を利用して磁気回路も電気回路と同様に解くことができる．磁気的な回路の中の磁束の通りやすさは完全ではなく，磁束は磁性体内に完全に局限されず部分的に漏れ磁束が生ずる．これに対して電気回路では電流は導体の中を完全に流れるとしてよく，両者の類推は近似的に成立するものと考えられる．しかし，複雑な現象を解析する場合には，非常に有効な手段である．

伝導電流界と静電界，平面電磁界と分布定数線路など，いくつかの問題においてこのような類推は成立し，それぞれの有用な手段として利用されている．

例題 9.1

図 9.1 のように断面積 S [m²], 透磁率 μ [H/m] の磁性体が長さ l [m] で閉じられている．これに巻数 N 回のコイルが巻いてある．磁性体の磁束を電気回路との類推により求めよ．

(a) 磁性体内の磁束　　(b) 導体内の電流　　(c) 等価回路

図 9.1

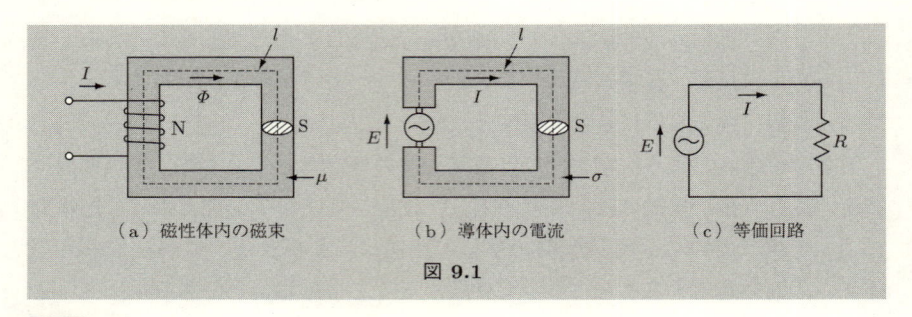

解

図 9.1 (a) において，起磁力 F_m (magnetomotive force) は
$$F_\mathrm{m} = NI \quad [\mathrm{A}]$$
であり，磁気抵抗 R_m (reluctance) は
$$R_\mathrm{m} = \frac{l}{\mu S} \quad [\mathrm{A/Wb}] \qquad \mu\ [\mathrm{H/m}]：透磁率$$
である．断面積 S を通過する磁束は
$$\phi = BS = \mu H S = \frac{NI}{l/\mu S} = \frac{F_\mathrm{m}}{R_\mathrm{m}} \quad [\mathrm{Wb}]$$
で与えられる．

一方，導電性材料の中を流れる電流は，導体の電気抵抗を R として，
$$R = \frac{l}{\sigma S} \quad [\Omega] \qquad \sigma\ [\mathrm{S/m}]：導電率$$
より，
$$I = \frac{E}{l/\sigma S} = \frac{E}{R} \quad [\mathrm{A}]$$
である．これより
$$F_\mathrm{m} = R_\mathrm{m} \phi \iff E = RI$$
という対応関係があり，いずれも同図 (c) の等価回路で表現できる．

9.2 電気系と機械系の類推

電気磁気学発展の歴史において，力学が重要な役割を演じたことでもわかるように，力学的現象は類似な電気現象に関連付けて考えることができる．その最も簡単な例は質量やばねなどの振動の問題である．

図 9.2 に示すように質量 M が摩擦のない床の上に置いてあり，ダッシュポット (容器の中に油または空気が満たされて，ピストンが動くと速度に比例して減衰が生ずるもので，扉のダンパなどに用いる) が床に固定してある．この質

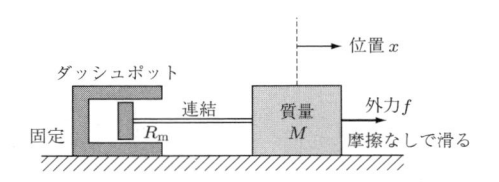

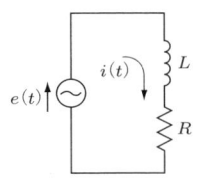

図 9.2 質量 M とダッシュポットの運動

図 9.3 質量 M とダッシュポットの等価回路

量 M に力を加えたとき，質量の速度はいくらになるかを求めよう．質量の変位を $x(t)$，速度を $v(t)$，とすれば，質量 M の慣性力は $M\dfrac{dv(t)}{dt}$ であって，ダッシュポットに働く力は $R_\mathrm{m} v(t)$ である．外力 $f(t)$ が正弦的に変化するものとすれば，

$$M\frac{dv(t)}{dt} + R_\mathrm{m} v(t) = f(t) = F_\mathrm{m} \sin\omega t \tag{9.2}$$

なる方程式が成立する．ここで F_m は外力の振幅である．この解は電気回路の定常解で求めたように

$$v(t) = \frac{F_\mathrm{m}}{\sqrt{R_\mathrm{m}^2 + (\omega M)^2}} \sin(\omega t - \phi) \quad [\mathrm{m/s}] \tag{9.3}$$

$$\phi = \tan^{-1}\frac{\omega M}{R} \quad [\mathrm{rad}] \tag{9.4}$$

これは図 9.3 の電気回路において，RL 直列回路の方程式が

$$L\frac{di(t)}{dt} + Ri(t) = e(t) = E_\mathrm{m} \sin\omega t \tag{9.5}$$

となることとまったく同形である．

例題 9.2

ばねの一端に力を加えた場合の運動について考えよう (図 9.4)．

解

ばね定数 k をもつばねの一端を固定し，他端に $f(t)$ を加える．ばねの端の変位を $x(t)$，速度を $v(t)$ とすると

$$k\int v(t)dt = f(t) = F_\mathrm{m} \sin\omega t$$

なる方程式が成立する．記号法による解は，第 4 章の解法から明らかであり，

$$V = j\omega \frac{1}{k} \frac{F_\mathrm{m}}{\sqrt{2}} \quad [\mathrm{m/s}]$$

となり，V は振動速度の実効値である．時間表示された解は，

$$v(t) = \frac{\omega}{k} F_\mathrm{m} \sin\left(\omega t + \frac{\pi}{2}\right)$$

である．また

$$\frac{dx(t)}{dt} = v(t)$$

として，変位 $x(t)$ を求めれば，

$$x(t) = \frac{1}{k} F_\mathrm{m} \sin \omega t$$

となる．これは，図 9.4 に示すように容量 C に電圧 $e(t)$ を印加した場合の現象と類似である．

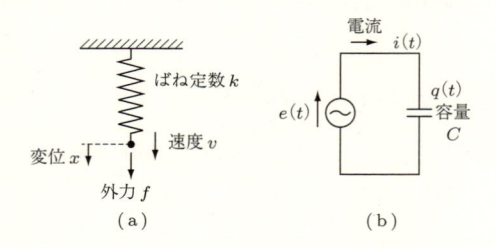

図 9.4 バネの変位

以上の関係より，電気系と力学系の間には表 9.2 のような対応関係を考えることができる．

ただし，力を [kg] で与えれば，M [kg·S^2/m]，R_m [kg·S/m]，k [kg/m] となる．これより対応関係の成立する式は表 9.3 のように，完全なる類推が成立する．

表 9.2 力学系と電気系の対応する量

力学系			電気系		
変位	x	[m]	電荷	q	[C]
速度	$v = \dfrac{dx}{dt}$	[m/s]	電流	$i = \dfrac{dq}{dt}$	[A]
力	f	[N]	起電力	e	[V]
質量	M	[kg]	インダクタンス	L	[H]
抵抗係数	R_m	[Ns/m]	抵抗	R	[Ω]
ばね定数	k	[N/m]	キャパシタンス	$C \to 1/C$	[F]

9.2 電気系と機械系の類推

表 9.3 力学系と電気系で対応する式

力学系	電気系
$f = kx = k\int v dt$	$e = \dfrac{1}{C}q = \dfrac{1}{C}\int i dt$
$f = M\dfrac{dv}{dt} = M\dfrac{d^2x}{dt^2}$	$e = L\dfrac{di}{dt} = L\dfrac{d^2q}{dt^2}$
$f = R_\mathrm{m} v$	$e = Ri$
$v = \dfrac{dx}{dt}$	$i = \dfrac{dq}{dt}$
$w = fv$ [Nm/s]	$p = ei$ [W]

力学系については，このような直線運動だけではなく，回転運動についても表 9.4 のようなまったく同様な関係が成立する．

表 9.4 回転運動の力学系と電気系の対応の量

回転運動の力学				電気系		
角度変位	θ		[rad]	電荷	q	[C]
角速度	$\omega = \dfrac{d\theta}{dt}$		[rad/s]	電流	$i = \dfrac{dq}{dt}$	[A]
力モーメント(トルク)	n		[N·m]	起電力	e	[V]
慣性モーメント	I		[Nms^2]	インダクタンス	L	[H]
粘性減衰定数	D		[Nms/rad]	電気抵抗	R	[Ω]
ねじり	K		[rad/Nm]	静電容量	C	[F]

これより対応関係は，表 9.5 のように成立する．

表 9.5 回転する力学系と電気系で対応する式

回転運動	電気系
$n = K\theta = K\int \omega dt$	$e = \dfrac{q}{C} = \dfrac{1}{C}\int i dt$
$n = I\dfrac{d\omega}{dt} = I\dfrac{d^2\theta}{dt^2}$	$e = L\dfrac{di}{dt} = L\dfrac{d^2q}{dt^2}$
$n = D\omega = D\dfrac{d\theta}{dt}$	$e = Ri = R\dfrac{dq}{dt}$
$\omega = \dfrac{d\theta}{dt}$	$i = \dfrac{dq}{dt}$

例題 9.3

車両が振動している．振動の加速度が 0.1 G で，振動数が 0.5 Hz とする．振動の波形を正弦波と仮定して，振動の振幅を求めよ．

解

振動の速度 v は，変位を $x = A\sin\omega t$ として次式で与えられる．
$$v = \frac{dx}{dt} = \frac{d}{dt}(A\sin\omega t) = A\omega\cos\omega t$$
加速度は
$$\alpha = \frac{dv}{dt} = -A\omega^2\sin\omega t = -\omega^2 x$$
である．重力の加速度 $g = 9.8 \text{ m/s}^2$ を単位として表すと加速度の振幅は
$$\alpha_g = \frac{A\omega^2}{g} = \frac{(2\pi)^2}{g}Af^2 \quad [\text{G}]$$
である．よって
$$A = \alpha_g \frac{g}{(2\pi)^2}\frac{1}{f^2} \quad [\text{m}]$$
$$= 0.1\frac{9.8}{(2\pi)^2}\frac{1}{(0.5)^2} = 0.0993 \text{ m} = 9.93 \text{ cm}$$

例題 9.4

1個のばねで支えられた質量 M によって振動系が構成されている．系の振動の様子を示せ．ただし，ばねの質量は無視する．

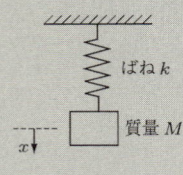

図 9.5 ばねと質量

解

ばねが伸びていない位置を $x = 0$ とする．質量は $x = 0$ の点において，初速度 v_0 を持って解放されるものとすれば，質量に対する運動の方程式は
$$M\frac{d^2x}{dx^2} = -kx$$
である．ここで k はばね定数である．初期条件は
$$\frac{dx}{dt} = v_0 \qquad (t = 0)$$
となり，これより微分方程式の解は
$$x = \frac{v_0}{\omega}\sin\omega t$$
となる．ただし $\omega = \sqrt{\dfrac{k}{M}}$ である．

また質量 M をばねに接いで,静かに離すとき,ばねは Δ だけ伸びて静止するものとする.静的平衡の位置 Δ は

$$\Delta = \frac{Mg}{k}$$

であるから,この Δ を用いれば,振動の角周波数は次のように求められる.

$$\omega = \sqrt{\frac{g}{\Delta}}$$

二つのばねが図 9.6 (a) のように並列に接続されているときは,その合成したばね定数は

$$k = k_1 + k_2 \tag{9.6}$$

となる.つまりばねの伸びは二つのばねに共通であって,力が両方に加わることになり,電気回路でいうと,二つのコンデンサが直列に接続されたことに相当する.

$$\frac{1}{C} = \frac{1}{C_1} + \frac{1}{C_2} \tag{9.7}$$

また,二つのばねを図 9.6 (b) のように直列につなぐと,伸びが加わることになり,力は共通に加わることになる.よって,

$$x = x_1 + x_2 = \frac{f}{k_1} + \frac{f}{k_2} = \left(\frac{1}{k_1} + \frac{1}{k_2}\right) f \tag{9.8}$$

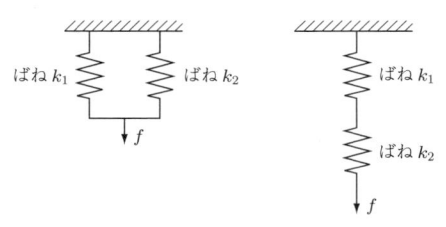

(a) ばねの並列接続　(b) ばねの並列接続

図 **9.6** 二つのばねの接続

となり,電気回路における容量の並列接続に相当する.

$$C = C_1 + C_2 \tag{9.9}$$

機械系と電気系の量の間には,このような類推関係が成立するので,機械系の運動方程式とまったく同形の微分方程式で記述される電気回路を考えること

ができる．複雑な機械系においては，パラメータも多く，運動を実験的に調べるのは大変であるが，系を簡単化すると共に類推関係を利用し等価な電気回路を考え，各部の電圧・電流の値およびその時間的変化の様子を観測することによって，運動を類推することができる．

例題 9.5

図 9.7(a) に示す機械系において，

$$k = 200 \text{ kg/cm}, \quad W = 400 \text{ N}(\text{重量})$$

$$R_\mathrm{m} = 0.1 \text{ kg·s/cm}, \quad F_0 = 100 \text{ kg}, \quad \omega_\mathrm{m} = 5 \text{ rad/s}$$

として，電気系の素子値を求めよ．

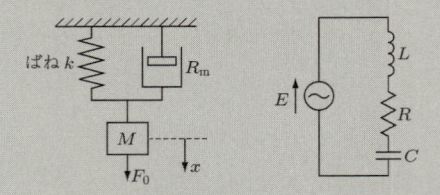

(a) 機械の直列共振　　(b) 電気系の直列共振

図 9.7　機械系と電気系の相似

解

重量 W の物体の質量は，g を重力の加速度として

$$M = \frac{W}{g}$$

である．よって，

$$\frac{k}{M}\frac{1}{\omega_\mathrm{m}^2} = \frac{200 \times 10^2}{400/9.8 \times 5^2} = 19.6 = \frac{1}{LC\omega_e^2}$$

$$\frac{R_\mathrm{m}}{\sqrt{kM}} = \frac{0.1 \times 10^2}{\sqrt{200 \times 10^2 \times 400/9.8}} = 1.11 \times 10^{-2} \fallingdotseq 10^{-2} = R\sqrt{\frac{C}{L}}$$

$$\frac{F_0}{kx_0} = \frac{100}{200 \times 10^2}\frac{1}{x_0} = \frac{5 \times 10^{-3}}{x_0} = \frac{E_0}{q_0/C} = \frac{E_0}{v_{c0}}$$

右辺の量は対応する電気素子の値である．これらの関係式を満足するように定めれば，どのように定めてもよいが，LC の値を実用的な値とするように選ぶ必要がある．よって

$$\omega_e = 20000\omega_\mathrm{m} = 10^5 \text{ rad/s}$$

とすれば

$$LC = \frac{1}{19.6 \times 10^{10}} = 5.10 \times 10^{-12}$$

ここで
$$C = 10^{-6} = 1\ \mu\text{F}$$
とすれば
$$L = 5.10 \times 10^{-6} = 5.10\ \mu\text{H}$$
$$R = 1.11 \times 10^{-2}\sqrt{\frac{L}{C}} = 1.11 \times 10^{-2}\sqrt{\frac{5.10 \times 10^{-6}}{10^{-6}}} = 25\ \text{m}\Omega$$

よって，印加電圧 E_0 に対する静電容量の端子電圧の比は，初期変位 x_0 より
$$\frac{E_0}{v_{c0}} = \frac{5 \times 10^{-3}}{x_0}$$
で与えられる．この電圧
$$v(t) = \frac{1}{C}Q(t)$$
がオシロスコープの上に描くことができれば，機械系の振動の過渡状態および，定常状態の応答がすべて求められることになる．

9.3 流体系と電気系の類推

　流体における類推は幾何学的にみても，完全に類推が成立している．ここで電流は導体の内部のみを流れることに対応して，流体は完全剛体と考えられる壁で囲まれた管の内を流れていくものとする．また流体は自由表面をもたない系を考えられるものとしよう．このような系は，電気音響の分野において問題となる．この場合には表 9.6 のような類推が成立する．

　また音を伝えたり，共鳴させたりする目的で使用する管において，直径は波長に比べて十分に小さく，長さが有限の場合には，端面での反射により干渉波が生ずる．この場合には分布定数系として考えなければならないが，この場合にも，電気における分布定数回路との類推が成立する．

　このような流体における類推は，幾何学的にも完全に類推が成立しているので，たとえば自動車の消音器などでは，簡単に等価回路を描くことができる．

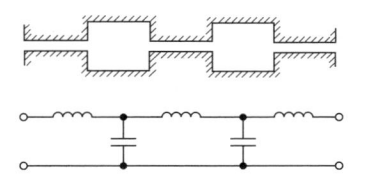

図 9.8　自動車の消音器の等価回路

表 9.6 流体系と電気系の対応

流体系		電気系	
積分流量 (体積変位)	Q_a [m^3]	電荷	q [C]
積量	I_a [m^3/s]	電流	i [A]
圧力差	P [N/m^2], [Pa]	電位差	v [V]
音の伝搬速度	$C = \sqrt{\dfrac{\chi}{\rho}}$ [m/s]	伝搬速度	$u = \dfrac{1}{\sqrt{\mu_0 \varepsilon_0}}$ [m/s]
	$\chi = \gamma p_0$：体積弾性率		
	γ：比熱比		
	p_0：静圧 [Pa]		
	ρ：密度 [kg/m^3]		
音響インピーダンス	$Z = \rho C$ [N·s/m^3]	特性インピーダンス	$Z_0 = \sqrt{\dfrac{\mu_0}{\varepsilon_0}}$ [Ω]
容量性小気室 (音響的容量)	$C_m = V/\chi$ [m^{4}s^2/kg] V：気室の体積 [m^3]	容量	C [F]
両端開放細管 (音響的慣性)	$m = \rho l/S$ [kg/m^4] l：細管の長さ [m] S：通路の断面積 [m^2]	インダクタンス	L [H]

例題 9.6

図 9.9 に示すような，管と体積で出来ている共鳴器がある．この共鳴器の等価回路定数を求め，共鳴角周波数 ω_0 を求めよ．ただし，細い管の部分の断面積を S_1，長さを l_1，太い管の部分を S_2, l_2 とする．

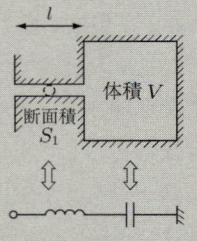

図 9.9 流体系と電気系の対応

解

類推により，その音響インピーダンス Z_a は次のように求まる．

$$Z_a = j\omega L_a + \frac{1}{j\omega C_a}$$

$$L_a = \rho l_1 / S_1, \quad C_a = \frac{l_2 S_2}{\chi}, \quad V = l_2 S_2$$

$$\omega_0 = \frac{1}{\sqrt{L_a C_a}} = \sqrt{\frac{\chi S_1}{\rho l_1 l_2 S_2}}$$

自由表面をもった流体系については，電気工学の入門としての類推は考えやすいものになる．

表 9.7 自由表面のある液体系

流体系		電気系	
水　位	L [m]	電　位	v [V]
流　量	I_a [m^3/s]	電　流	i [A]
水面の傾き		電　界	E [V/m]
水の慣性	$\rho l/S$ [kg/m^4]	インダクタンス	L [H]
	ρ：液体の密度 [kg/m^3]		
	l：水路の長さ [m]		
	S：水路の断面積 [m^2]		
水溜め	$S'/\rho g$ [m^{4}s^2/kg]	キャパシタンス	C [F]
	S'：自由表面の面積 [m^2]		
	g：重力の加速度 [9.8m/s^2]		

9.4 電気と熱の類推

熱の流れとしてとらえた場合には，電気の流れとの間には極めて密接な関係がある．つまり，熱のシステムにおける類推を表 9.8 のように考えよう．

表 9.8 熱系との対応

熱　系			電気系		
温度差	θ	[K]	電位差	v	[V]
熱　量	$Q = C_h \theta$	[J]	電　荷	$q = Cv$	[C]
熱　流	$h = \dfrac{dQ}{dt} = \theta/Rh$	[W]	電　流	$i = \dfrac{dq}{dt} = v/R$	[A]
熱抵抗	$R_h = \theta/h$	[K/W]	電気抵抗	$R = v/i$	[Ω]
熱容量	$C_h = Q/\theta$	[J/K]	静電容量	$C = q/v$	[F]

この結果，電熱に関する微分方程式は，RC で構成された電気回路の微分方程式と同形であり，炉の壁の熱の流れに関する問題等は，電気回路でシミュレーションすることができる．

例題 9.7

熱伝導率が一定の空間において成立する熱伝導方程式は

$$\rho c \frac{\partial \theta}{\partial t} = \lambda \left\{ \frac{\partial^2 \theta}{\partial x^2} + \frac{\partial^2 \theta}{\partial y^2} + \frac{\partial^2 \theta}{\partial z^2} \right\}$$

ただし $\rho\,[\mathrm{kg/m^3}]$：密度, $c\,[\mathrm{J/kg \cdot K}]$：比熱
$\lambda\,[\mathrm{W/m \cdot K}]$：熱伝導率

ここで，半無限 $(0 < x < \infty)$ の固体が初め一様な温度 T_1 にあったものとして，端面 $x = 0$ をステップ的に温度 T_2 に変化させたときの温度分布を求めよ．

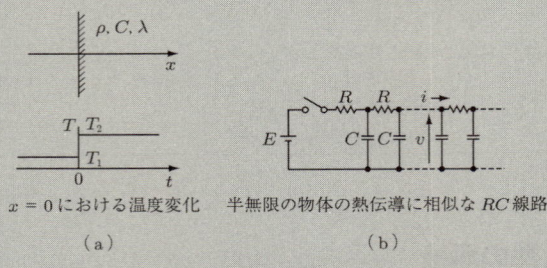

(a) $x = 0$ における温度変化
(b) 半無限の物体の熱伝導に相似な RC 線路

図 9.10

解

$\theta = T - T_1$ とすると

$$\frac{1}{\alpha} \frac{\partial \theta}{\partial t} = \frac{\partial^2 \theta}{\partial x^2} \qquad \alpha \equiv \frac{\lambda}{\rho c}$$

$t = 0 \quad x \geqq 0 \quad \theta = 0$
$t > 0 \quad x = 0 \quad \theta = T_2 - T_1$
$\qquad\quad x = \infty \quad \theta$：有限

となり，これは図 (b) に示す RC 分布定数線路が

$$\left. \begin{array}{l} -\dfrac{\partial v}{\partial x} = Ri \\ -\dfrac{\partial i}{\partial x} = C \dfrac{\partial v}{\partial t} \end{array} \right\} \Longrightarrow \frac{\partial^2 v}{\partial x^2} = RC \frac{\partial v}{\partial t}$$

$t = 0 \quad x \geqq 0 \quad v = 0$
$t > 0 \quad x = 0 \quad v = E$
$\qquad\quad x = \infty \quad v$：有限

なる方程式で表される場合とまったく相似である．

この場合の解は，ラプラス変換を用いて求めることができる．やや，複雑な形をしているが

である．よって，固体中の温度分布は

$$v(x,t) = E\left\{1 - \frac{2}{\sqrt{\pi}} \int_0^{\sqrt{\frac{RC}{4t}}x} \exp(-\xi^2)d\xi\right\}$$

$$T(x,t) = T_2 + (T_1 - T_2)\frac{2}{\sqrt{\pi}} \int_0^{\sqrt{\frac{1}{4\alpha t}}x} \exp(-\xi^2)d\xi$$

となる．

例題 9.8

厚さ 10 mm の広い鉄板の 2 面をそれぞれ，50°C，10°C に保ち，定常状態にした．鉄板内の温度分布はどのようになるか．また鉄板の面積 $2[\mathrm{m}^2]$ 当たりを 1 時間に通過する熱量を求めよ．ただし，鉄の熱伝導率を $\lambda = 65$ W/m·K とする．

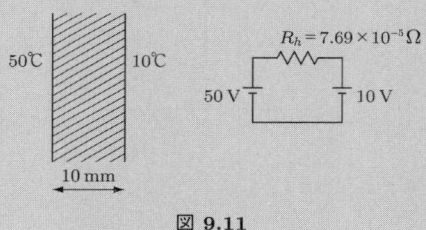

図 9.11

解

システムは定常状態であるから，板に垂直方向の熱流束はすべての位置で等しく，温度勾配は一定となる．

この結果，定常状態の等価回路は抵抗でおきかえることができる．

$$Q_0 = \int_0^t hdt = Q_t = \frac{\theta}{R_h}t$$
$$= 2 \times \frac{50 - 10}{10 \times 10^{-3}} \times 65 \times 3600 = 1.87 \times 10^9 \text{ J}$$

$$R_h = \frac{l}{A\lambda} \quad l：板厚，\ A：面積，\ \lambda：熱伝導率$$

演習問題 9

9.1 一端が固定されたばね定数が $k = 1$ kN/m のばねの先端を 1 mm だけ動かすのに必要な力を求めよ．

9.2 一端が固定された抵抗係数が $R_m = 10$ Ns/m のダッシュポットの先端を 1 cm/s で動かすために必要な力を求めよ．

9.3 ばね定数 $k = 5$ N/m と質量 $M = 5$ kg で構成される系の振動の周期を求めよ．

9.4 ばね定数 $k = 20$ N/m と質量 $M = 5$ kg で構成される系において，系の静止の位置より正の向きに 5 cm だけ変位させて，手を離した．このときの自由振動の解を求めよ．

9.5 ばね定数 $k = 27$ N/m と質量 $M = 3$ kg で構成される系において，静止平衡状態の質量をハンマーで負の向きに 0.6 m/s の速度を与えた．このときの自由振動の解を求めよ．

9.6 ばね係数が $k = 10$ N/m のばねと抵抗係数 $R_\mathrm{m} = 4$ Ns/m のダッシュポットと質量が $M = 4$ kg で構成された系がある．この系の減衰振動の周波数を求めよ．

9.7 図 9.12 に示すように，水面に質量 m，断面積 S の長い"浮き"が立っている状態で浮いている．海水の比重を 1.03 として，この"浮き"が平衡の状態から y だけずれたときの方程式を求めよ．海水の粘性は無視する．次に，$m = 15$ g，$S = 0.5$ cm^2 として，"浮き"の振動の周期を求めよ．

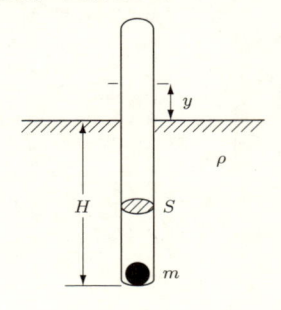

図 9.12

9.8 厚さ 6 mm の広いガラス板の二面をそれぞれ 25°C と 0°C に保ち，定常状態にした．ガラス板の面積 4 m^2 当たりを 1 時間に通過する熱量を求めよ．ただし，ガラスの熱伝導率を 0.7 W/m·K とする．

9.9 厚さ $d = 75$ mm の炉がある．内外の温度差が $\theta = 35$°C であった．この炉の表面積は $S = 50$ m^2 であり，炉の材料の熱伝導率は $\lambda = 42.9$ W/m·K である．この炉から外部に漏れる単位時間当たりの熱量を求めよ．

9.10 二枚の同じ厚さの板が張り合わせてある．一枚目の板の表面温度が 95°C であった．反対側の表面温度は 50°C であった．板が張り合わせてある真ん中の温度を測定したところ 80°C になっていた．一枚目の板 (高温側の材料) の熱伝導率が $\lambda = 16$ W/m·K である．他方の板の熱伝導率を求めよ．

9.11 貨物車は 4 個のばねによって支えられており，貨車の質量を M [kg] とする．ばねのたわみを 248 mm のときのこの車両の固有振動数を求めよ．また等価電気回路を示せ．

9.12 質量 40 t の機械が振幅 150 μm，振動数 12 Hz で上下方向に振動しているときに，この機械が基礎に与える力はいくらか．

9.13 質量 M が長さ l の糸 (質量を無視する) でつりさげられている．振幅は小さいものとして，振動の周波数を求めよ．

9.14 図 9.13 の機械系に対して，等価な電気系の回路と相当する量を示せ．

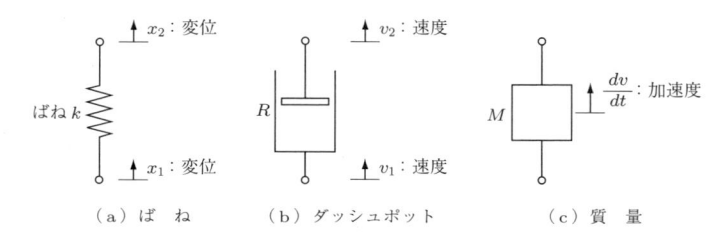

（a）ばね　　　（b）ダッシュポット　　　（c）質量

図 **9.13**　機械系の量

9.15 図 9.14 の機械系に対して等価な電気回路を求めよ．

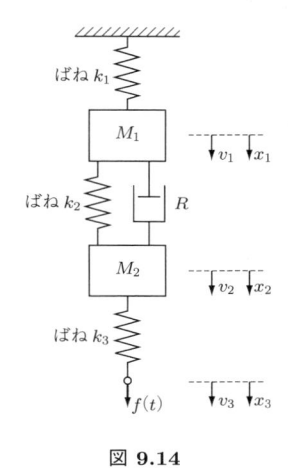

図 **9.14**

9.16 図 9.15 に示す機械系と等価な電気回路を求めよ．

9.17 長さ 5 cm，半径 1 cm の管の先端に 1000 cm^3 の内容積の箱が接続されている．このような系を何というか．またその共振周波数を求めよ．ただし内部には 1 気圧の空気が入っているものとし，空気の密度は $\rho = 1.18$ kg/m^3，音速は 343 m/s とする．

9.18 厚さ d_1，熱伝導率 λ_1 の板と d_2，λ_2 の板が重ねてあり，両側の温度をそれぞれ，T_1，$T_2 (T_1 > T_2)$ として定常状態になっているときの，この平面壁を通して流れる熱流を求めよ．

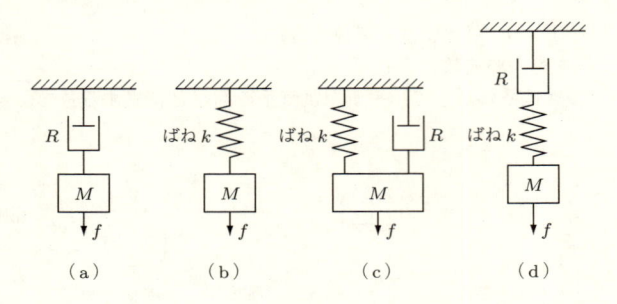

図 9.15

9.19 室内が 20°C で，外気が −10°C のとき，次のような状態のときに室内から外気への熱損失は 1 m² 当り 1 時間でどれくらいか．

 i) 厚さ 2.5 mm のガラス窓だけがある．
 ii) ガラス窓の外側に厚さ 1 mm のアルミ製の雨戸がある．

ただしガラスの熱伝導率 $\lambda_g = 7$ W/m·K，アルミの熱伝導率 $\lambda_{Al} = 235$ W/m·K，室内空気との熱伝導係数を 6 W/m²K，外気による熱伝導係数を 20 W/m²K，ガラス窓と雨戸との間の熱コンダクタンスを 1.5 W/m²K とする．

10 三相交流

われわれの家庭に送られてくる電力は，発電所から三相交流として，三本の線路を用いて，送電されている．この場合に，3個の発電機は同一周波数，同一電圧で，お互いに 120°の位相差をもって接続されている．まず，電源の接続方法に，Y 接続と Δ 接続があることを学ぶ．

このような電源に負荷が接続された場合に流れる電流の位相関係について，解法を習得し，線路間の電圧と線路を流れる電流の関係を求める．また，三相交流で送電される電力を求め，電力の測定方法を学ぶ．

10.1 平衡三相交流

これまでに取り扱ってきた交流回路は，主として 1 個の電源に対する応答を述べてきたものであったが，この章では，現在ほとんどの大電力の送電に用いられている三相交流について考える．図 10.1 (a) に示す三つの**単相回路** (single phase circuit) の起電力を E_a, E_b, E_c とする．これらは周波数と大きさが等

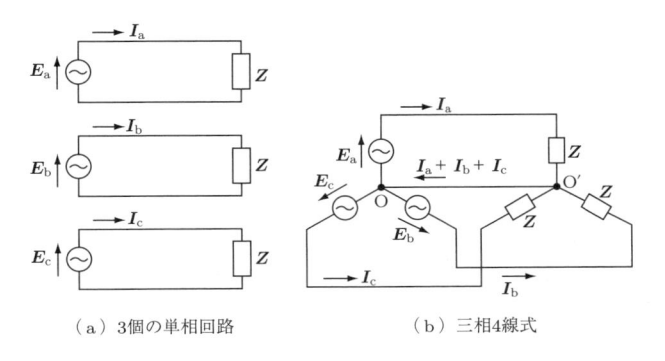

(a) 3個の単相回路　　　(b) 三相4線式

図 **10.1** 三相交流の考え方

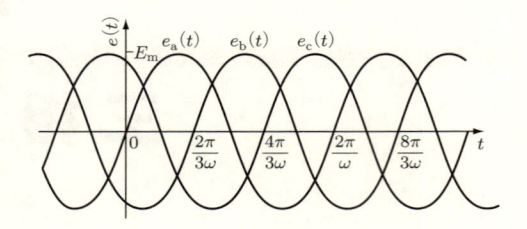

図 10.2 三相交流の瞬時電圧の関係

しく，位相が 120°ずつ遅れている図 10.2 のような電圧とする．この三つの単相回路のそれぞれの導線の一方を一つにまとめて図 10.1 (b) のように配線したものを**三相回路**という．この場合も電圧・電流の関係はそのままに保たれている．

平衡三相交流電圧を瞬時値で表せば

$$
\left.\begin{aligned}
e_a(t) &= \sqrt{2}E \sin \omega t \\
e_b(t) &= \sqrt{2}E \sin\left(\omega t - \frac{2}{3}\pi\right) \\
e_c(t) &= \sqrt{2}E \sin\left(\omega t - \frac{4}{3}\pi\right)
\end{aligned}\right\} \tag{10.1}
$$

であり，簡単のために抵抗負荷とした場合に各線を流れる電流は

$$
\left.\begin{aligned}
i_a(t) &= \sqrt{2}I \sin \omega t \\
i_b(t) &= \sqrt{2}I \sin\left(\omega t - \frac{2}{3}\pi\right) \\
i_c(t) &= \sqrt{2}I \sin\left(\omega t - \frac{4}{3}\pi\right)
\end{aligned}\right\} \tag{10.2}
$$

ただし，

$$ I = \frac{E}{R} $$

である．この結果，図 10.1 (b) の共通帰線を流れる電流は

$$
\begin{aligned}
i_0(t) &= i_a(t) + i_b(t) + i_c(t) \\
&= \sqrt{2}I\Big\{ \sin \omega t + \cos \frac{3}{2}\pi \sin \omega t + \cos \frac{4}{3}\pi \sin \omega t
\end{aligned}
$$

$$-\sin\frac{2}{3}\pi\cos\omega t - \sin\frac{4}{3}\pi\cos\omega t\Big\}$$
$$= \sqrt{2}I\Big\{\Big(1+\cos\frac{2}{3}\pi+\cos\frac{4}{3}\pi\Big)\sin\omega t$$
$$-\Big(\sin\frac{2}{3}\pi+\sin\frac{4}{3}\pi\Big)\cos\omega t\Big\}$$
$$= 0 \tag{10.3}$$

となって，第 4 線は不要となり，単相交流に比べて線路が経済的になる．

この電圧をベクトル図で示せば

$$\left.\begin{array}{l} \boldsymbol{E}_\mathrm{a} = E \quad (\text{基準}) \\ \boldsymbol{E}_\mathrm{b} = E\varepsilon^{-j\frac{2}{3}\pi} \\ \boldsymbol{E}_\mathrm{c} = E\varepsilon^{-j\frac{4}{3}\pi} \end{array}\right\} \tag{10.4}$$

と表され，通常これを図 10.3 (b) のように表記する．特に

$$a = \varepsilon^{+j\frac{2}{3}\pi} \tag{10.5}$$

と記せば

$$\boldsymbol{E}_\mathrm{a} = E, \quad \boldsymbol{E}_\mathrm{b} = a^2 E = E\varepsilon^{-j\frac{2}{3}\pi}, \quad \boldsymbol{E}_\mathrm{c} = aE = E\varepsilon^{j\frac{2}{3}\pi} \tag{10.6}$$

と表せる．よって，

$$E + \boldsymbol{E}_\mathrm{b} + \boldsymbol{E}_\mathrm{c} = E(1+a^2+a) = 0 \tag{10.7}$$

である．

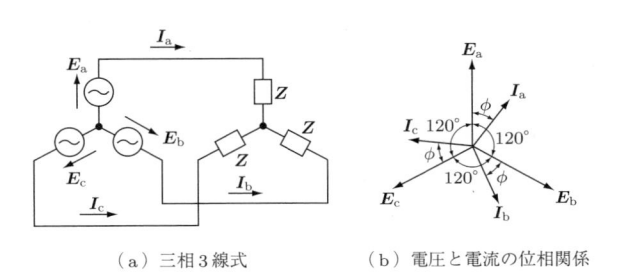

（a）三相3線式　　　（b）電圧と電流の位相関係

図 **10.3** 三相交流の電圧と電流

10.2 星形結線 (Y 結線)

　三相交流の電源および負荷の結線方法としては，一方の端子をまとめて結線して他方を外部へ取出す方式，**星形結線** (star connection または **Y 結線**) と各端子を順次接続して，その接続点から外部へ取出す方式，**環状結線** (ring connection または Δ 結線) がある．

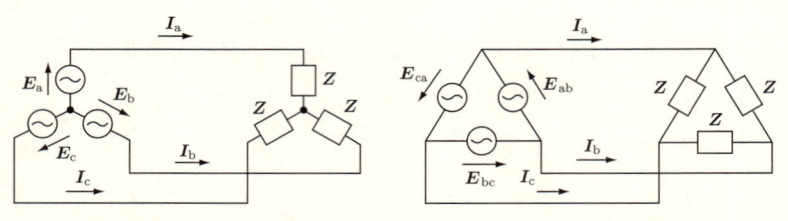

（a）星形結線(Y-Y)による電源と負荷　　（b）環状結線(Δ-Δ)による電源と負荷

図 **10.4**　三相回路の結線法

　まず星形結線について考えてみよう．三相の線間相互の電圧を**線間電圧** (1ine voltage)，一相当りの電圧を**相電圧** (phase voltage) という．同様に各線を流れる電流を**線電流** (line current)，また各相を流れる電流を**相電流**という．

　さて星形結線において各相の電圧を E_a, E_b, E_c とすると各線間電圧は

$$\left.\begin{array}{l} V_{ab} = E_a - E_b \\ V_{bc} = E_b - E_c \\ V_{ca} = E_c - E_a \end{array}\right\} \tag{10.8}$$

となり，これらの関係をベクトル図に示すと図 10.5 のようになる．図より E_a を基準と考え，$|E_a| = |E_b|$ とすれば

$$\begin{aligned} V_{ab} &= E_a - E_b \\ &= E_a - E_b(\cos 120° - j\sin 120°) \\ &= E_a(1.5 + j0.866) \end{aligned} \tag{10.9}$$

となる．よって

$$|V_{ab}| = \sqrt{3}E_a, \quad \angle V_{ab} = \angle E_a + 30° \tag{10.10}$$

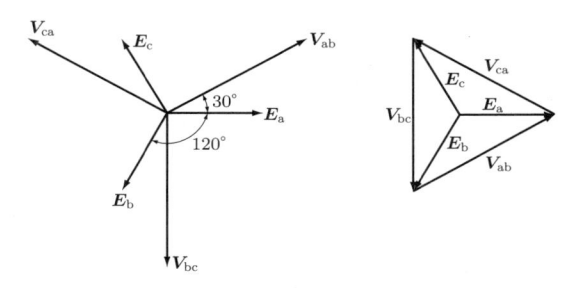

(a) 相電圧と線間電圧の関係　　(b) 線間電圧の描き方

図 **10.5**　星形結線の線間電圧と相電圧

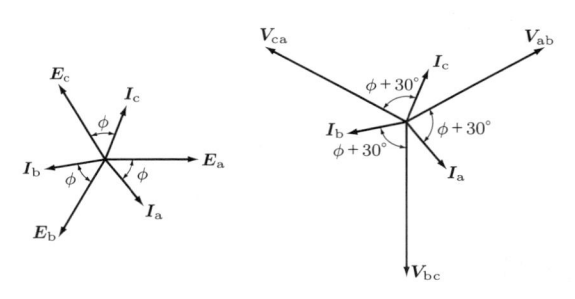

(a) 相電圧と相電流　　(b) 線間電圧の線電流

図 **10.6**　星形結線における相電流と線電流

となって，線間電圧は相電圧の $\sqrt{3}$ 倍の大きさであり，線間電圧の位相は相電圧の位相より 30°進んでいる．

各相の負荷が平衡しており，各々 $\boldsymbol{Z} = R + jX$ で等しい場合には，各相の電流は，

$$\left. \begin{array}{l} \boldsymbol{I}_\mathrm{a} = \dfrac{\boldsymbol{E}_\mathrm{a}}{\boldsymbol{Z}} = \dfrac{\boldsymbol{E}_\mathrm{a}}{|\boldsymbol{Z}|} \varepsilon^{-j\phi} \\[2mm] \phi = \angle \boldsymbol{Z} = \tan^{-1} \dfrac{X}{R} \\[2mm] \boldsymbol{I}_\mathrm{b} = \dfrac{\boldsymbol{E}_\mathrm{b}}{\boldsymbol{Z}} = \dfrac{\boldsymbol{E}_\mathrm{a}}{|\boldsymbol{Z}|} \varepsilon^{-j(120°+\phi)} \\[2mm] \boldsymbol{I}_\mathrm{c} = \dfrac{\boldsymbol{E}_\mathrm{c}}{\boldsymbol{Z}} = \dfrac{\boldsymbol{E}_\mathrm{a}}{|\boldsymbol{Z}|} \varepsilon^{-j(240°+\phi)} \end{array} \right\} \quad (10.11)$$

となり，
$$I_a + I_b + I_c = 0 \tag{10.12}$$
が成立する．星形結線における線電流は相電流に等しい．

例題 10.1

線間電圧 200 V の三相 3 線式回路に $Z = 8 + j6\ [\Omega]$ なる対称負荷を星形に接続してある．この場合の相電圧と線電流を求めよ．

解

星形接続された相電圧 E は，線間電圧 V より
$$E = \frac{V}{\sqrt{3}} = \frac{200}{\sqrt{3}} = 115\ \text{V}$$
であり，線電流は
$$I = \frac{E}{|Z|} = \frac{E}{\sqrt{R^2 + X^2}} = 11.5\ \text{A}$$
となる．

10.3 環状結線 (Δ 結線)

図 10.7 に示すように，三相の起電力と負荷がそれぞれ環状に結線されている場合を考えよう．各起電力を E_{ab}, E_{bc}, E_{ca} とすれば，これらの電源によって，各負荷には，
$$I_{ab} = \frac{E_{ab}}{Z}, \quad I_{bc} = \frac{E_{bc}}{Z}, \quad I_{ca} = \frac{E_{ca}}{Z} \tag{10.13}$$
なる電流が流れる．よって各線に流れる電流は

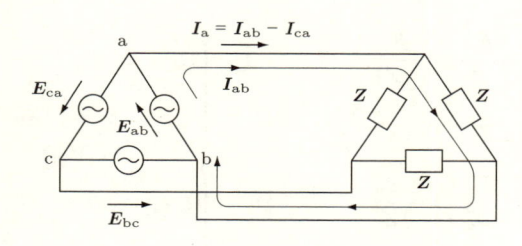

図 10.7 環状結線の閉路電流 (相電流) と線電流

$$\left.\begin{array}{l} \boldsymbol{I}_\mathrm{a} = \boldsymbol{I}_\mathrm{ab} - \boldsymbol{I}_\mathrm{ca} = \dfrac{1}{Z}(\boldsymbol{E}_\mathrm{ab} - \boldsymbol{E}_\mathrm{ca}) \\ \boldsymbol{I}_\mathrm{b} = \boldsymbol{I}_\mathrm{bc} - \boldsymbol{I}_\mathrm{ab} = \dfrac{1}{Z}(\boldsymbol{E}_\mathrm{bc} - \boldsymbol{E}_\mathrm{ab}) \\ \boldsymbol{I}_\mathrm{c} = \boldsymbol{I}_\mathrm{ca} - \boldsymbol{I}_\mathrm{ba} = \dfrac{1}{Z}(\boldsymbol{E}_\mathrm{ca} - \boldsymbol{E}_\mathrm{bc}) \end{array}\right\} \tag{10.14}$$

である.

この結果，**環状結線**では線間電圧と相電圧が等しくなり

$$\boldsymbol{V}_\mathrm{ab} = \boldsymbol{E}_\mathrm{ab}, \qquad \boldsymbol{V}_\mathrm{bc} = \boldsymbol{E}_\mathrm{bc}, \qquad \boldsymbol{V}_\mathrm{ca} = \boldsymbol{E}_\mathrm{ca} \tag{10.15}$$

である．一方線電流は

$$\begin{aligned}\boldsymbol{I}_\mathrm{a} = \boldsymbol{I}_\mathrm{ab} - \boldsymbol{I}_\mathrm{ca} &= \frac{E_\mathrm{ab}}{Z} - \frac{E_\mathrm{ca}}{Z} = \frac{1}{|Z|}E_\mathrm{ab}(1 - \varepsilon^{+j\frac{2}{3}\pi})\varepsilon^{-j\phi} \\ &= \sqrt{3}\frac{E_\mathrm{ab}}{Z}\varepsilon^{-j(\phi+30°)}\end{aligned} \tag{10.16}$$

となって，線電流の大きさは相電流の $\sqrt{3}$ 倍であり，図 10.8 に示すように線電流の位相は相電流の位相より 30°遅れる．

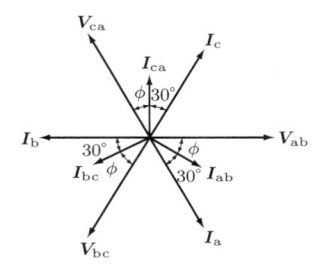

図 10.8 環状結線における線電流と相電流

例題 10.2

線間電圧 100 V の三相 3 線式回路において，対称負荷 $\boldsymbol{Z} = 16 + j12\,[\Omega]$ を環状に接続してある．相電流，線電流を求め，ベクトル図を示せ．

解

相電流は

$$|I_{ab}| = \frac{100}{\sqrt{16^2 + 12^2}} = \frac{100}{20} = 5 \text{ A}$$

線電流は

$$|I_a| = \sqrt{3}|I_{ab}| = \sqrt{3}\,5 = 8.66 \text{ A}$$

負荷の位相角は

$$\phi = \tan^{-1}\frac{12}{16} = 36.9°$$

となり，ベクトル図は図 10.9 のようになる．

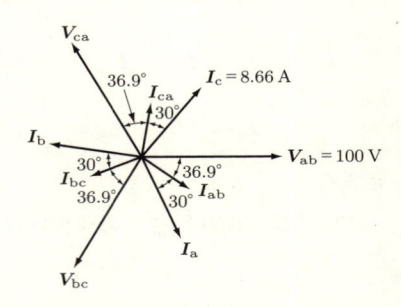

図 10.9

10.4 星形結線と環状結線の負荷の変換

図 10.10 の Y 結線において，各端子間のインピーダンスを求めると

$$\left.\begin{aligned} z_{ab} &= Z_a + Z_b \\ z_{bc} &= Z_b + Z_c \\ z_{ca} &= Z_c + Z_a \end{aligned}\right\} \tag{10.17}$$

となり，一方 Δ 結線においては

$$\left.\begin{aligned} z_{ab} &= \frac{1}{\dfrac{1}{Z_{ab}} + \dfrac{1}{Z_{bc} + Z_{ca}}} = \frac{Z_{ab}(Z_{bc} + Z_{ca})}{Z_{ab} + Z_{bc} + Z_{ca}} \\ z_{bc} &= \frac{Z_{bc}(Z_{ca} + Z_{ab})}{Z_{ab} + Z_{bc} + Z_{ca}} \\ z_{ca} &= \frac{Z_{ca}(Z_{ab} + Z_{bc})}{Z_{ab} + Z_{bc} + Z_{ca}} \end{aligned}\right\} \tag{10.18}$$

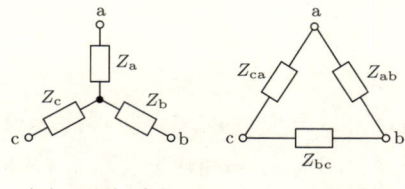

(a) Y 結線の負荷　　(b) Δ 結線の負荷

図 10.10 星形 (Y) 結線と環状 (Δ) 結線の負荷の変授

と求められる．これらのインピーダンスが各端子から見て等しいとおけば，二つの回路は等価であるとみなされるので，それぞれ等しいとおいて解くと

$$\left. \begin{array}{l} Z_{\mathrm{a}} = \dfrac{Z_{\mathrm{ab}} Z_{\mathrm{ca}}}{Z_{\mathrm{ab}} + Z_{\mathrm{bc}} + Z_{\mathrm{ca}}} \\[2mm] Z_{\mathrm{b}} = \dfrac{Z_{\mathrm{ab}} Z_{\mathrm{bc}}}{Z_{\mathrm{ab}} + Z_{\mathrm{bc}} + Z_{\mathrm{ca}}} \\[2mm] Z_{\mathrm{c}} = \dfrac{Z_{\mathrm{ca}} Z_{\mathrm{bc}}}{Z_{\mathrm{ab}} + Z_{\mathrm{bc}} + Z_{\mathrm{ca}}} \end{array} \right\} \tag{10.19}$$

である．すべてのインピーダンスが等しいときは

$$Z_Y = \frac{1}{3} Z_\Delta \tag{10.20}$$

となる．この式を逆に解いて

$$\left. \begin{array}{l} Z_{\mathrm{ab}} = \dfrac{\Delta}{Z_{\mathrm{c}}} \\[2mm] Z_{\mathrm{bc}} = \dfrac{\Delta}{Z_{\mathrm{a}}} \\[2mm] Z_{\mathrm{ca}} = \dfrac{\Delta}{Z_{\mathrm{b}}} \\[2mm] \Delta = Z_{\mathrm{a}} Z_{\mathrm{b}} + Z_{\mathrm{b}} Z_{\mathrm{c}} + Z_{\mathrm{c}} Z_{\mathrm{a}} \end{array} \right\} \tag{10.21}$$

であって，すべての負荷が等しいときは

$$Z_\Delta = 3 Z_Y \tag{10.22}$$

である．このようにしてすべての負荷は Δ，または Y に統一して考えることができる．

例題 10.3

図 10.11 に示す Δ 結線の回路を等価な Y 結線とせよ．ただし $R = 6\,\Omega$，$X = 3\,\Omega$ とする．

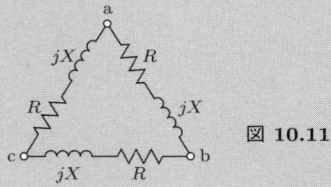

図 10.11

解

回路は対称であって，一相当たりのインピーダンスは
$$Z_\Delta = R + jX$$
であるから，Z_Y は
$$Z_Y = \frac{1}{3}(R + jX) = 2 + j1 \ [\Omega]$$
となる (図 10.12)．

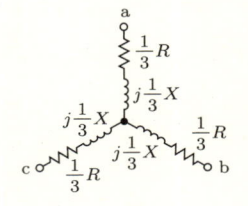

図 10.12

例題 10.4

非対称 Δ 形接続された負荷がある．これと等価な Y 形負荷を求めよ．ただし $Z_{ab} = 2 + j1 \ [\Omega]$, $Z_{bc} = 3 + j2 \ [\Omega]$, $Z_{ca} = 3 + j3 \ [\Omega]$ とする．

解

$$Z = Z_{ab} + Z_{bc} + Z_{ca} = 8 + j6$$
$$Z_a = \frac{(3+j3)(2+j1)}{8+j6} = \frac{3+j9}{8+j6} = \frac{78+j54}{100} = 0.78 + j0.54 \ [\Omega]$$
$$Z_b = \frac{(2+j1)(3+j2)}{8+j6} = \frac{4+j7}{8+j6} = \frac{74+j32}{100} = 0.74 + j0.32 \ [\Omega]$$
$$Z_c = \frac{(3+j3)(3+j2)}{8+j6} = \frac{3+j15}{8+j6} = \frac{114+j102}{100} = 1.14 + j1.02 \ [\Omega]$$

である．

次に図 10.13 に示すように Δ 形起電力を Y 形起電力へ変換することを考えてみよう．端子 ab, bc, ca 間の電圧を $\boldsymbol{V}_{ab}$, $\boldsymbol{V}_{bc}$, $\boldsymbol{V}_{ca}$ とすると，Δ 形の電源では

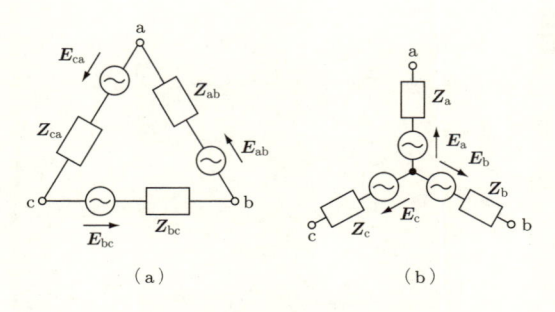

図 10.13 Δ 形電源を等価な Y 電源への変換

$$
\left.\begin{array}{l}
\boldsymbol{V}_{\mathrm{ab}} = \boldsymbol{E}_{\mathrm{ab}} - \boldsymbol{Z}_{\mathrm{ab}}\boldsymbol{I}_{\mathrm{ab}} \\
\boldsymbol{V}_{\mathrm{bc}} = \boldsymbol{E}_{\mathrm{bc}} - \boldsymbol{Z}_{\mathrm{bc}}\boldsymbol{I}_{\mathrm{bc}} \\
\boldsymbol{V}_{\mathrm{ca}} = \boldsymbol{E}_{\mathrm{ca}} - \boldsymbol{Z}_{\mathrm{ca}}\boldsymbol{I}_{\mathrm{ca}}
\end{array}\right\} \tag{10.23}
$$

が成立する．一方 Y 形の電源では

$$
\left.\begin{array}{l}
\boldsymbol{V}_{\mathrm{ab}} = (\boldsymbol{E}_{\mathrm{a}} - \boldsymbol{Z}_{\mathrm{a}}\boldsymbol{I}_{\mathrm{a}}) - (\boldsymbol{E}_{\mathrm{b}} - \boldsymbol{Z}_{b}\boldsymbol{I}_{b}) \\
\boldsymbol{V}_{\mathrm{bc}} = (\boldsymbol{E}_{\mathrm{b}} - \boldsymbol{Z}_{b}\boldsymbol{I}_{b}) - (\boldsymbol{E}_{\mathrm{c}} - \boldsymbol{Z}_{\mathrm{c}}\boldsymbol{I}_{\mathrm{c}}) \\
\boldsymbol{V}_{\mathrm{ca}} = (\boldsymbol{E}_{\mathrm{c}} - \boldsymbol{Z}_{\mathrm{c}}\boldsymbol{I}_{\mathrm{c}}) - (\boldsymbol{E}_{\mathrm{a}} - \boldsymbol{Z}_{\mathrm{a}}\boldsymbol{I}_{\mathrm{a}})
\end{array}\right\} \tag{10.24}
$$

となる．$\boldsymbol{V}_{\mathrm{ab}} + \boldsymbol{V}_{\mathrm{bc}} + \boldsymbol{V}_{\mathrm{ca}} = 0$ の条件を用いて，二つの式の等価が成立するためには

$$
\left.\begin{array}{l}
\boldsymbol{E}_{\mathrm{a}} = (\boldsymbol{Z}_{\mathrm{ca}}\boldsymbol{E}_{\mathrm{ab}} - \boldsymbol{Z}_{\mathrm{ab}}\boldsymbol{E}_{\mathrm{ca}})/\Sigma \\
\boldsymbol{E}_{\mathrm{b}} = (\boldsymbol{Z}_{\mathrm{ab}}\boldsymbol{E}_{\mathrm{bc}} - \boldsymbol{Z}_{\mathrm{bc}}\boldsymbol{E}_{\mathrm{ab}})/\Sigma \\
\boldsymbol{E}_{\mathrm{c}} = (\boldsymbol{Z}_{\mathrm{bc}}\boldsymbol{E}_{\mathrm{ca}} - \boldsymbol{Z}_{\mathrm{ca}}\boldsymbol{E}_{\mathrm{bc}})/\Sigma
\end{array}\right\} \tag{10.25}
$$

$$
\left.\begin{array}{l}
\boldsymbol{Z}_{\mathrm{a}} = \boldsymbol{Z}_{\mathrm{ab}}\boldsymbol{Z}_{\mathrm{ca}}/\Sigma \\
\boldsymbol{Z}_{\mathrm{b}} = \boldsymbol{Z}_{\mathrm{bc}}\boldsymbol{Z}_{\mathrm{ab}}/\Sigma \\
\boldsymbol{Z}_{\mathrm{c}} = \boldsymbol{Z}_{\mathrm{ca}}\boldsymbol{Z}_{\mathrm{bc}}/\Sigma \\
\Sigma = \boldsymbol{Z}_{\mathrm{ab}} + \boldsymbol{Z}_{\mathrm{bc}} + \boldsymbol{Z}_{\mathrm{ca}}
\end{array}\right\} \tag{10.26}
$$

を満足しなければならない．特に $|\boldsymbol{E}_{\mathrm{ab}}| = |\boldsymbol{E}_{\mathrm{bc}}| = |\boldsymbol{E}_{\mathrm{ca}}|$，$\boldsymbol{Z}_{\mathrm{ab}} = \boldsymbol{Z}_{\mathrm{bc}} = \boldsymbol{Z}_{\mathrm{ca}}$ の成立する対称電源では，

$$
\left.\begin{array}{l}
\boldsymbol{E}_{\mathrm{a}} = \dfrac{1}{3}(\boldsymbol{E}_{\mathrm{ab}} - \boldsymbol{E}_{\mathrm{ca}}) = \dfrac{\boldsymbol{E}_{\mathrm{ab}}}{3}(1 - \varepsilon^{-j\frac{4}{3}\pi}) \\
\quad = \dfrac{\boldsymbol{E}_{\mathrm{ab}}}{\sqrt{3}} \cdot \varepsilon^{-j\frac{\pi}{6}} \\
\boldsymbol{E}_{\mathrm{b}} = \dfrac{1}{3}(\boldsymbol{E}_{\mathrm{bc}} - \boldsymbol{E}_{\mathrm{ab}}) = \dfrac{\boldsymbol{E}_{\mathrm{ab}}}{3}(-1 + \varepsilon^{-j\frac{2}{3}\pi}) \\
\quad = \dfrac{\boldsymbol{E}_{\mathrm{ab}}}{\sqrt{3}} \cdot \varepsilon^{-j\left(\frac{2}{3}+\frac{1}{6}\right)\pi} \\
\boldsymbol{E}_{\mathrm{c}} = \dfrac{1}{3}(\boldsymbol{E}_{\mathrm{ca}} - \boldsymbol{E}_{\mathrm{bc}}) = \dfrac{\boldsymbol{E}_{\mathrm{ab}}}{3}(\varepsilon^{-j\frac{4}{3}\pi} - \varepsilon^{-j\frac{2}{3}\pi}) \\
\quad = \dfrac{\boldsymbol{E}_{\mathrm{ab}}}{\sqrt{3}} \cdot \varepsilon^{-j\left(\frac{4}{3}+\frac{1}{6}\right)\pi} \\
\boldsymbol{Z}_{\mathrm{a}} = \boldsymbol{Z}_{\mathrm{b}} = \boldsymbol{Z}_{\mathrm{c}} = \dfrac{1}{3}\boldsymbol{Z}_{\mathrm{ab}}
\end{array}\right\} \tag{10.27}
$$

である．

10.5 三相回路の電力

平衡三相回路において，Y 結線された電源の相電圧を V_{PY}，相電流を I_{PY} とし，負荷の力率を $\cos\phi$ とすれば，一相当たりの電力が

$$P_a^{(1)} = V_{PY} I_{PY} \cos\phi \tag{10.28}$$

であるから，三相全体では，

$$P_a = 3 V_{PY} I_{PY} \cos\phi \tag{10.29}$$

となる．線間電圧を V_l，線電流を I_t で表示すると，

$$V_l = \sqrt{3}\, V_{PY}, \qquad I_t = I_{PY} \tag{10.30}$$

となって

$$P_a = \sqrt{3}\, V_l I_l \cos\phi \tag{10.31}$$

である．ただし ϕ は線間電圧と線電流の位相差 θ ではなく，負荷を流れる電流の位相角であるから図 10.4 (b) に示すように

$$\theta = \phi + 30° \tag{10.32}$$

の関係がある．

次に，Δ 結線された電源について考えてみると，相電圧 $V_{P\Delta}$，相電流 $I_{P\Delta}$ は

（a）Y 結線における電力　　　　（b）Δ 結線における電力

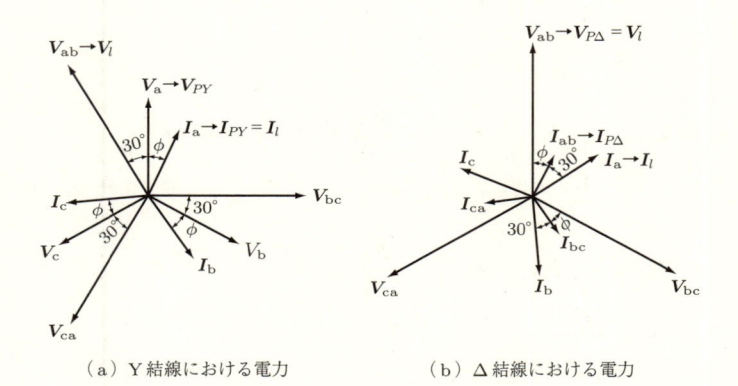

図 10.14　三相回路における電力

であって，やはり一相当りの電力は

$$V_l = V_{P\Delta}, \qquad I_t = \sqrt{3}\,I_{P\Delta} \tag{10.33}$$

$$P_a^{(1)} = V_{P\Delta} I_{P\Delta} \cos\phi \tag{10.34}$$

となる．よって，

$$\begin{aligned}P_a &= 3V_{P\Delta} I_{P\Delta} \cos\phi \\ &= \sqrt{3}\,V_l I_l \cos\phi\end{aligned} \tag{10.35}$$

となって，結線方法に関係なく，同じ電力となる．

無効電力，皮相電力についても単相回路と同様に考えられる．

$$P_r = \sqrt{3}\,V_l I_l \sin\phi \tag{10.36}$$

$$P = \sqrt{3}V_l I_l = P_a + jP_r \tag{10.37}$$

となる．

また，不平衡負荷については，各相ごとの電力を求めて，和をとればよく，

$$P_a = a\,相電力 + b\,相電力 + c\,相電力 \tag{10.38}$$

で表される．

例題 10.5

線間電圧が 3000 V の平衡三相回路において，線電流が 20 A，負荷の力率が 90%のときの消費電力，無効電力，皮相電力を求めよ．

解

消費電力は

$$\begin{aligned}P_a &= \sqrt{3} \times 3000 \times 20 \times 0.9 = 93.5 \times 10^3 \text{ W} \\ &= 93.5 \text{ kW}\end{aligned}$$

無効電力は

$$P_r = \sqrt{3} \times 3000 \times 20 \times \sqrt{1 - 0.9^2} = 45.3 \text{ kVar} \tag{10.39}$$

皮相電力は

$$P = \sqrt{3} \times 3000 \times 20 = 104 \text{ kVA} \tag{10.40}$$

となる．

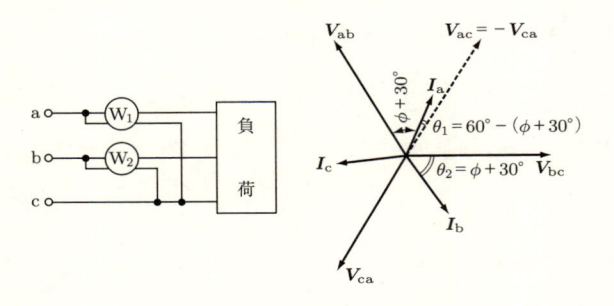

図 10.15 三相電力の測定

三相3線式の回路においては，二つの電力計を使用して，全消費電力を測定することができる．図 10.15 の回路において，相順を a, b, c とすれば，電力計 W_1 は，電圧 V_{ac} が加わり電流 I_a が流れるので，

$$W_1 = V_{ac}I_a \cos\theta_1$$
$$= V_{ca}I_a \cos(60° - \phi - 30°)$$
$$= V_{ca}I_a \{\cos 30° \cos\phi + \sin 30° \sin\phi\} \tag{10.41}$$

同様にして，W_2 には

$$W_2 = V_{bc}I_b \cos\theta_2$$
$$= V_{bc}I_b \cos(30° + \phi)$$
$$= V_{bc}I_b \{\cos 30° \cos\phi - \sin 30° \sin\phi\} \tag{10.42}$$

となる．ここで電源・負荷ともに対称であるから

$$V_{ab} = V_{bc} = V_{ca}, \qquad I_a = I_b = I_c$$

となって，

$$W = W_1 + W_2 = V_{ab}I_a \cdot 2\cos 30° \cos\phi$$
$$= \sqrt{3}V_{ab}I_a \cos\phi \tag{10.43}$$

となって，全電力の測定が行える．

演習問題 10

10.1 三相交流回路において，電源も負荷も対象で Y 接続 (星形接続) され，四線で接続されている．各々の負荷は抵抗 $R = 10\ \Omega$，インダクタンス $L = 10$ mH の直列回路である．各電源の電圧は $E = 200$ V であり，周波数は $f = 50$ Hz である．基準となる相の電圧の位相を 0 として，各線を流れる電流を求めよ．

10.2 前問において，第四線に流れる電流を求めよ．

10.3 問題 10.1 において，第一線の中性点に対する電圧は $\boldsymbol{E}_a = 200$ V であり，第二線の中性点に対する電圧は $\boldsymbol{E}_b = 200\ \mathrm{V}\angle -120°$ である．これより，第一線と第二線の線間電圧 $\boldsymbol{E}_{ab}$ はいくらになるか．また，この関係をベクトル図に示せ．

10.4 問題 10.1 において，各相の負荷の力率を求めよ．また，負荷で消費される全電力を求めよ．

10.5 電源も負荷も Δ 接続 (環状結線) されている対称三相回路がある．線間電圧が 200 V であり，各負荷抵抗が $20\ \Omega$ とする．各抵抗を流れる電流を求めよ．また，各線を流れる電流を求めよ．

10.6 前問における電流の関係をベクトル図に示せ．

10.7 線間電圧が $\boldsymbol{E}_{ab} = 200\ \mathrm{V}\angle 0°$，$\boldsymbol{E}_{bc} = 200\ \mathrm{V}\angle -120°$，$\boldsymbol{E}_{ca} = 200\ \mathrm{V}\angle -240°$ で与えられている．等価な Y 接続の起電力を求めよ．また，この電圧のベクトル図を描け．

10.8 抵抗 R が Y 接続された三相回路の負荷がある．この負荷に等価な Δ 接続された回路の素子の値 r を求めよ．

10.9 Y 接続された電源の電圧が 100 V である．線を流れる電流が 10 A である．負荷の力率が 90% である．負荷で消費される電力を求めよ．

10.10 線間の電圧が 173 V である．Δ 接続の相電流が 5.77 A である．負荷の力率が 90% である．負荷で消費される電力を求めよ．

10.11 線間電圧 V の平衡三相回路において，同一の抵抗 R を Y 結線と Δ 結線に接続した場合に，おのおのの抵抗に流れる電流および線電流を求めよ．

10.12 相等しい 6 個の抵抗を図 10.16 に示すように接続した．平衡三相電圧 V を加えるとき，各線電流を求めよ．

図 10.16

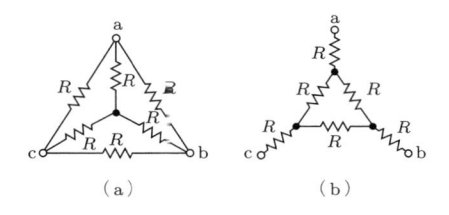

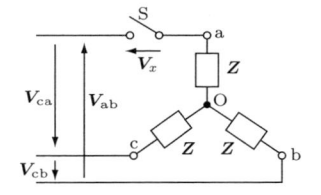

図 10.17

10.13 図 10.17 に示すように，線間電圧 200 V の平衡三相回路に Y 接続された対称負荷 Z が接続されている．ここで，回線 a が断線したとすれば，その断点の両側に現われる電圧はいくらか．

10.14 図 10.18 に示す非対称 △ 接続された三相負荷を等価な Y 形接続負荷に変換せよ．

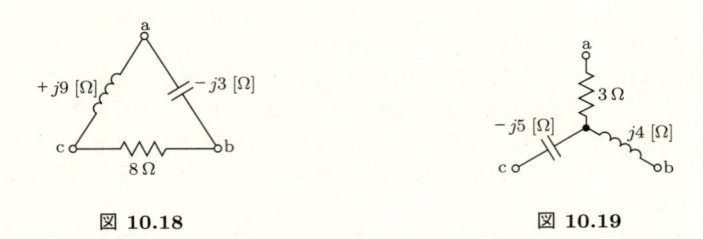

図 10.18

図 10.19

10.15 図 10.19 に示す非対称 Y 接続された三相負荷と等価な △ 形接続負荷に変換せよ．

10.16 図 10.20 の回路において，単相交流電源より，平衡三相交流電圧を得たい．端子 a, b, c には電流を流さないものとして，条件を求めよ．ただし電源の角周波数は ω とする．

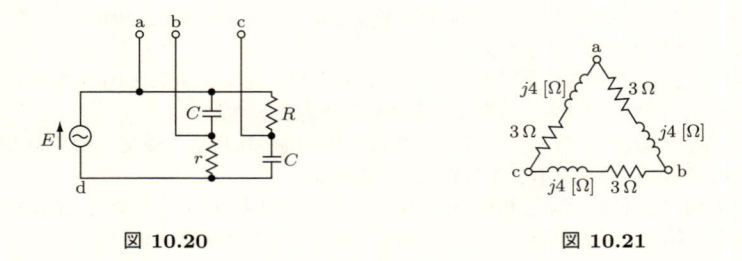

図 10.20

図 10.21

10.17 図 10.21 の回路に線間電圧 100 V の対称三相電圧を加える．V_{ab} を基準ベクトルとして，各線間電圧と線電流のベクトル図を示せ．

10.18 線間電圧 200 V の対称三相電源に 10 kVA，遅れ力率 0.7 の対称な Y 接続された負荷が接続されている．この時の線電流を求めよ．またこの負荷に並列に 10 kW の対称な Y 接続された抵抗負荷を接続したときの，線電流を求めよ．

10.19 二電力計法により，三相負荷の電力を測定したところ，一方の電力計の指示値は 10 kW，他方は 0 となった．負荷で消費されている全電力と負荷の力率を求めよ．

10.20 対称三相負荷に図 10.22 のように計器を接続した．各計器の読みから全電力を求めよ．

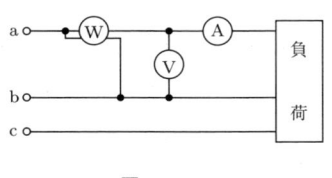

図 10.22

演習問題解答

1章

1.1 洗濯機，冷蔵庫，電子レンジ，電磁調理器，エアコン，扇風機，照明器具など．

1.2 時計，エアコン，電子レンジ，テレビ，電話，ファックスなど．

1.3
日本国内エネルギー供給	$23{,}034 \times 10^{15}$ J
一般電気事業	$9{,}083 \times 10^{15}$ J
石油精製	$9{,}208 \times 10^{15}$ J
転換損失 (送電損失等)	$9{,}137 \times 10^{15}$ J
最終エネルギー消費	$13{,}897 \times 10^{15}$ J

全人類が1年間に消費するエネルギーは約 0.3 Q である ($1Q = 10^{18}$ BTU $= 1.055 \times 10^{21}$ J). 文明国では 10^6 kJ/人・日のエネルギーが消費されるといわれている (解図 1.1, 1.2 参照).

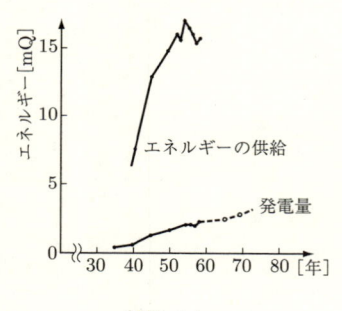

解図 1.1

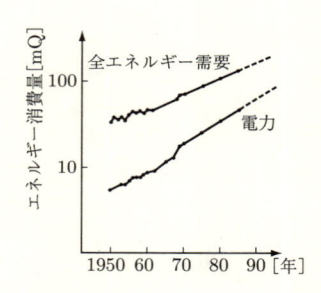

解図 1.2 アメリカの1次エネルギーの総量と電気エネルギー

1.4
太陽エネルギー	5000 Q/年
水力 (開発可能)	16.5 PWh
風力 (開発可能)	10 TW
海流，潮流，海洋温度差，化石	3.2×10^{24} J
核燃料	8.24×10^{20} J
増殖形核燃料	6.6×10^{22} J

4大エネルギー資源としては,
石油	約 1.4 T バレル (約 46 年分)
石炭	約 0.9 T トン (約 118 年分)
天然ガス	約 158 Tm^3 (約 60 年分)
ウラン	約 540 万トン (約 106 年分)

1.5　全世界の発電量　　　　　　　　　約 18.5 PWh (2009 年)
　　　そのうち，太陽光発電 (全世界)　　約 11 GW (2009 年末)
　　　　　　日本は 1.5 GW (2009 年)
　　　風力発電 (全世界)　　　　　　　　約 194 GW (2010 年末)
　　　　　　日本は 2%
　　　日本の発電量　　　　　　　　　　約 1 PWh (2010 年)
1.6　672 kJ，1.07 kW
1.7　20 Ω，発熱していないときは小さな値である．
1.10　人体が刺激として感ずる電流は 1 mA 程度であり，5 mA 程度が我慢の限界である．人体に流れる電流が 5〜20 mA 程度になると，手足の筋肉が硬直する．数十 mA 以上では，心臓が収縮運動現象を引き起こし，死亡の危険が生ずる．一方，人体を電流が流れている時間が問題であり，羊の実験から求めた値に日本人の平均体重を考慮して，限界電流を $I = 155/\sqrt{T \text{ (s)}}$ [mA] としている．

2 章

2.1　抵抗 R_1 と抵抗 R_2 の合成抵抗は，$R_0 = R_1 + R_2 = 5$ Ω．よって，回路を流れる電流は $I = E/R_0 = 10/5 = 2$ A．各抵抗の端子電圧は，$V_1 = R_1 I = 4$ V，$V_2 = R_2 I = 6$ V．

2.2　抵抗を流れる電流は，$I = E/(R_0 + R) = 12/(1+5) = 2$ A．抵抗の端子電圧は，$V = RI = 5 \times 2 = 10$ V．負荷端子を開放すると，電流は流れないので，内部抵抗による電圧降下は生じないので，開放電圧は起電力の電圧に等しく，$V_{\text{open}} = E = 12$ V．

2.3　端子電圧は，$V = ER/(R_0 + R)$ であるから，この式を逆に解いて，$E = V(1 + R_0/R) = 9(1 + R_0/3) = 9.6(1 + R_0/4) = 10(1 + R_0/5)$．これより，$E = 12$ V，$R_0 = 1$ Ω．

2.4　抵抗を流れる電流は，$I = E/(R_0 + R) = 12/(1 + R)$ であり，消費電力は $P = I^2 R = \{12/(1+R)\}^2 R$．よって，$R = 0.5, 1, 2, 3$ Ω の時の消費電力は，上式に代入して，$P = 32$ W，36 W，32 W，27 W．

2.5　消費電力は，$P = \{12/(1+R)\}^2 R$ であるから，この式を変形して，$P = 12^2/(R + 2 + 1/R)$ となるので，分母を y とおいて，$y = R + 2 + 1/R$．この式の最小値を求めればよい．$dy/dR = 1 - 1/R^2 = 0$．これより，$R = \pm 1$ となるが，抵抗の値は負となることはないので，$R = 1$ Ω．

2.6　$P = 12^2/(R + 2 + 1/R)$ において，$R = 0$ とすれば，$P = 12^2/(0 + 2 + \infty) = 0$．また，$R = \infty$ を代入すれば，$P = 12^2/(\infty + 2 + 0) = 0$ となって，電力は消費されない．

2.7　抵抗の直列回路に流れる電流は，$I = V/(R + R_0)$ であって，R_0 の端子電圧が V/n となることから，$VR_0/(R + R_0) = V/n$．この式を解いて，$R = (n-1)R_0$．この関係は，電圧計の測定範囲を拡大するのに用いられる．

2.8 抵抗が並列に接続された場合の合成抵抗は，各抵抗の逆数の和となり，$R_0 = (R_1R_2)/(R_1+R_2) = 3 \times 6/(3+6) = 2\ \Omega$ となり，並列に接続された場合は，元の抵抗値より小さな値となる．

2.9 $10\ \Omega$ の抵抗を 5 本並列に接続すると，$10/5 = 2\ \Omega$ となる．これに $10\ \Omega$ の抵抗を直列に接続すればよい．

2.10 抵抗 R_1 と R_2 を直列に接続すると，$R_{01} = R_1 + R_2 = 1 + 3 = 4\ \Omega$．同様に R_3 と R_4 の直列回路では，$R_{02} = R_3 + R_4 = 2 + 4 = 6\ \Omega$．この二つの回路が並列に接続されているので，$R_0 = (R_{01}R_{02})/(R_{01}+R_{02}) = 4 \times 6/(4+6) = 2.4\ \Omega$.

2.11 $1.81 \times 10^{-8}\ \Omega \cdot \text{m}$，95%

2.12 $r_{\text{Al}} = 1.26 r_{\text{Cu}}$

2.13 1.25 kW

2.14 $\alpha_0 = 0.0067/{}^\circ\text{C}$

2.15 $R_0 = R_{01} + R_{02}$,　$\alpha_0 = (R_{01}\alpha_{01} + R_{02}\alpha_{02})/(R_{01}+R_{02})$

2.16 $R_0 = R_1 + R_2R_3/(R_2+R_3)$

2.17 $E = 1.5$ V

2.18 $R = r$,　$P_{\max} = E^2/4R$

2.19 $I_2 = \dfrac{1}{\Delta}\big((R_1+R_3)E_2 - R_3E_1\big)$,　$E_1/E_2 = (R_1+R_3)/R_3$
$\Delta = R_1R_2 + R_1R_3 + R_2R_3$

2.20 $R_1 = 5\ \Omega$, $R_2 = 10\ \Omega$

2.21 $R_1 = 2\ \Omega$

3 章

3.1 周波数 60 Hz の周期は，$T = 1/f = 1/60 = 0.0167 = 16.7$ ms. 周波数 1 MHz の周期は，$T = 1/f = 1/10^6 = 10^{-6} = 1$ μs

3.2 周期 20 μs の正弦波の周波数は，$f = 1/T = 1/20 \times 10^{-6} = 50 \times 10^3 = 50$ kHz. 周期 25 ns の正弦波の周波数は，$f = 1/T = 1/25 \times 10^{-9} = 40 \times 10^6 = 40$ MHz

3.3 角周波数の単位は rad/s であり，$\omega = 2\pi f = 628.3$ rad/s

3.4 正弦波電圧の実効値は，最大値を E_{m} として，$E_{\text{eff}} = E_{\text{m}}/\sqrt{2}$ で与えられるので，実効値が 1 V では，$E_{\text{m}} = \sqrt{2}\,E_{\text{eff}} = \sqrt{2} \times 1 = 1.41$ V. また，300 V では $E_{\text{m}} = \sqrt{2} \times 300 = 424.3$ V

3.5 正弦波電圧の平均値は，最大値を E_{m}，実効値を E_{eff} として

$$E_{\text{mean}} = \frac{E_{\text{m}}}{\pi/2} = 2\sqrt{2}\frac{E_{\text{eff}}}{\pi}$$
$$= 2\sqrt{2} \times \frac{100}{\pi} = 90.0\ \text{V}$$

3.6 電流の平均値を I_{mean} とし，実効値を I_{eff} とすれば，$I_{\text{eff}} = (\pi I_{\text{mean}})/(2\sqrt{2}) = \pi \times 10/(2\sqrt{2}) = 11.1$ A

3.7 電流と電圧の式は $i(t) = \sqrt{2}I_b \sin \omega t$, $v(t) = \sqrt{2}V \sin(\omega t + \frac{\pi}{2})$ であり，電圧の位相角は $\pi/2$ である．つまり電流は電圧より $\pi/2$ だけ位相が遅れている．それで，通常位相遅れという．

3.8 (1) 最大値は $V_m = 141.4$ V． (2) 実効値は $V_{\text{eff}} = \dfrac{V_m}{\sqrt{2}} = 100$ V．

(3) 周波数は $f = \dfrac{\omega}{2\pi} = 50$ Hz． (4) 初期位相は $\theta = \dfrac{\pi}{3}$ rad．

3.9 インダクタンスを流れる電流と電圧の関係式は式 (3.16) から

$$v(t) = \frac{Ldi(t)}{dt} = \omega L I_m \cos(\omega t + \theta) = \omega L I_m \sin\left(\omega t + \theta + \frac{\pi}{2}\right)$$

$$= 100 \times 10 \times 10^{-3} \times 3 \sin\left(100t - \frac{\pi}{2} + \frac{\pi}{2}\right)$$

$$= 3\sin(100t) \quad [\text{V}]$$

3.10 電源から供給される瞬時電力は

$$p(t) = v(t)i(t) = 10 \sin\left(100t + \frac{\pi}{6}\right) \cdot 5 \sin\left(100t - \frac{\pi}{3}\right)$$

$$= \left(\frac{50}{2}\right)\left\{\cos\frac{\pi}{2} - \cos\left(200t - \frac{\pi}{6}\right)\right\} = -25\cos\left(200t - \frac{\pi}{6}\right)$$

であり，平均電力は

$$P = \int_0^T p(t)dt = 0$$

となる．

3.11 $v(t) = 100\sin(377t + \pi/6)$ あるいは $100\sin(377t + 5\pi/6)$ [V] (解図 3.1)

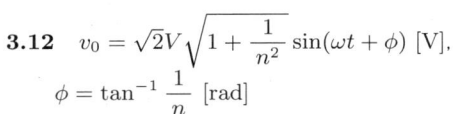

3.12 $v_0 = \sqrt{2}V\sqrt{1 + \dfrac{1}{n^2}} \sin(\omega t + \phi)$ [V]，

$\phi = \tan^{-1}\dfrac{1}{n}$ [rad]

3.13 50 Ω，500 Ω，5 kΩ

3.14 31.8 μF

3.15 $|Z| = 25$ Ω, $I = 4$ A, $\angle I = -53.1°$

3.16 $|Z| = 125$ Ω, $I = 0.8$ A, $\angle I = 36.9°$

3.17 $i(t) = \sqrt{2}V\sqrt{\dfrac{1}{R^2} + \omega^2 C^2} \sin(\omega t + \theta + \tan^{-1}\omega CR)$

3.18 $R = 26$ Ω, $L = 0.05$ H

3.19 $i(t) = \sqrt{2}V\sqrt{\dfrac{1}{R^2} + \left(\omega C - \dfrac{1}{\omega L}\right)^2} \sin\left(\omega t + \tan^{-1}\left(\omega C - \dfrac{1}{\omega L}\right)R\right)$

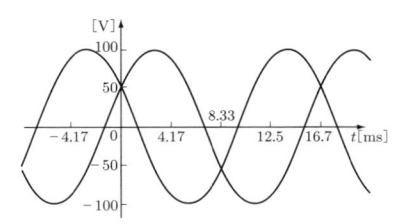

解図 3.1

3.20 $L = 11.1$ mH, $C = 2.5$ μF

3.21 $Z = \sqrt{R^2 + \left(\omega L - \dfrac{1}{\omega C}\right)^2}$

$\qquad = \sqrt{100^2 + \left(\omega \times 0.5 - \dfrac{1}{\omega \times 0.5 \times 10^{-6}}\right)^2}$

$\omega_0 = 2 \times 10^3$ rad/s：共振角周波数

$f_0 = 318.3$ Hz (図解 3.2)

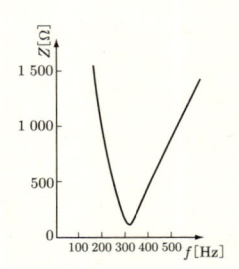

解図 3.2

3.22 $\omega = \sqrt{\dfrac{1}{LC} - \dfrac{R^2}{L^2}}$, $\quad \dfrac{L}{C} > R^2$

3.23 $p(t) = 100\left\{\dfrac{\sqrt{3}}{2} - \cos\left(240\pi t + \dfrac{\pi}{6}\right)\right\}$ [W]

$P_R = 86.6$ W

3.24 $R = 20$ Ω, $L = 110.3$ mH, $P = 500$ W

3.25 $P_1 = 500$ VA, $\cos\phi = 0.8$ (遅れ)

$P_a = 600$ W, $P = 632.4$ VA, $\cos\phi = 0.95$ (遅れ)

4 章

4.1 電圧の実効値は 2 V であり，初期位相は 45°である．よって，

$$V = 2\angle 45° \quad [V]$$

ただし，周波数は $\omega t = 360t°$ より，2π [rad] $= 360°$ で 1 Hz である (図解 4.1)．

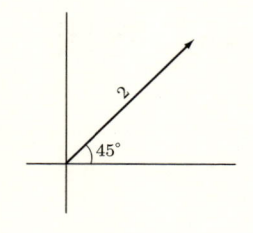

解図 4.1 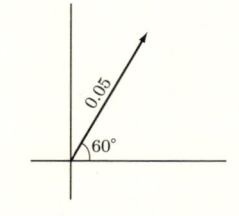　　　　　解図 4.2

4.2 電流の実効値は 50 mA であり，初期位相は $\pi/3$ rad である．よって

$$\boldsymbol{I} = 50 \times 10^{-3} \angle \pi/3 \,\text{rad} \quad [A]$$

ただし，周波数は 25 Hz である (解図 4.2)．

4.3 電圧の最大値は $\sqrt{2} \times 15 = 21.2$ V であるから，$v(t) = 21.2\sin(100\pi t - \pi/4)$ [V]．

4.4 電圧の大きさは $\sqrt{4^2+3^2}=5$, 位相角は $\tan^{-1}3/4=36.9°$, よって $\boldsymbol{V}=5\angle 36.9°$ [V]. 電圧の瞬時値表示式は, 最大値は $\sqrt{2}\times 5=7.07$, $36.9°=0.644$ rad である. $v(t)=7.07\sin(100t+0.644)$ [V].

4.5 電流の最大値は $\sqrt{2}\times 3=4.24$, 角周波数は $\omega=2\pi\times 300=600\pi$, 位相角は $\pi/2$ である. よって,

$$\boldsymbol{I}=3\angle\frac{\pi}{2}$$

$$i(t)=4.24\sin\left(600\pi t+\frac{\pi}{2}\right)\quad[\text{A}]$$

4.6 $-1=1\times\exp(j\pi)$ と変形できるので, $\ln(-1)=\ln 1\times\exp(j)=\ln(1)+j(\pi+2n\pi)=j(2n+1)\pi\quad(n=0,1,2,\cdots)$

4.7 $v_1(t)=\sqrt{2}\times 30\sin\left(\omega t+\frac{\pi}{6}\right)=\sqrt{2}\times 30\left\{\sin\omega t\cos\left(\frac{\pi}{6}\right)+\cos\omega t\sin\left(\frac{\pi}{6}\right)\right\}$

$=\left(\sqrt{2}\times\frac{30}{2}\right)\{\sqrt{3}\sin\omega t+\cos\omega t\}$

$v_2(t)=\sqrt{2}\times 40\sin\left(\omega t+\frac{\pi}{3}\right)=\sqrt{2}\times 30\left\{\sin\omega t\cos\left(\frac{\pi}{3}\right)+\cos\omega t\sin\left(\frac{\pi}{3}\right)\right\}$

$=\left(\sqrt{2}\times\frac{40}{2}\right)\{\sin\omega t+\sqrt{3}\cos\omega t\}$

$v(t)=\sqrt{2}\{46\sin\omega t+50\cos\omega t\}=\sqrt{2}\times 68\sin(\omega t+47.4°)$

4.8 各電圧をベクトル表示すれば, $V_1=30\angle\pi/6$, $V_2=40\angle\pi/3$. これらを複素数表示すれば, $V_1=26+j15$, $V_2=20+j34.6$. よって, $V=(26+j15)+(20+j34.6)=46+j50=68\angle 47.4°$

4.9 角周波数が 377 rad/s であるから, 周波数は $f=\omega/2\pi=377/2\pi=60$ Hz. 電圧, 電流の実効値は $7.07/\sqrt{2}=5$, $0.283/\sqrt{2}=0.2$ である (解図 4.3).

$$\boldsymbol{V}=5\angle\frac{\pi}{4}\quad[\text{V}]$$

$$\boldsymbol{I}=0.2\angle-\frac{\pi}{4}\quad[\text{A}]$$

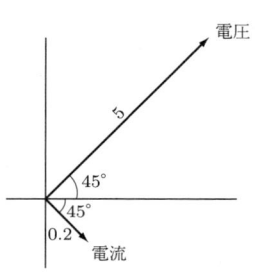

解図 4.3

4.10 インピーダンスは, $Z=V/I=10\angle 86.9°/2\angle 50.0°=5\angle 36.9°=4+j3$ [Ω]. よって, 抵抗成分とリアクタンス成分はそれぞれ

$$R=4\quad[\Omega],\quad X=3\quad[\Omega]$$

4.11 $V_1=70.3-j21.6$ [V], $V_2=29.7+j21.6$ [V] (解図 4.4)

4.12 $Z_2=14.8-j0.17$ [Ω]

4.13 $I_1=16-j12=20\angle-36.9°$ A
$I_2=12+j16=20\angle 53.1°$ A

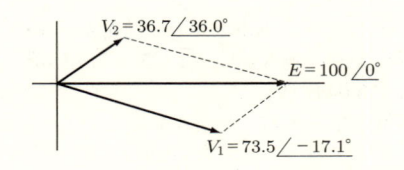

解図 4.4

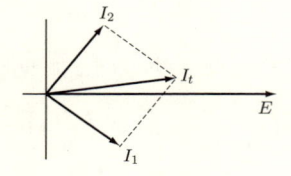

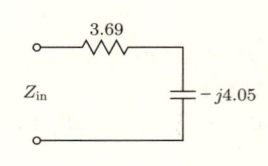

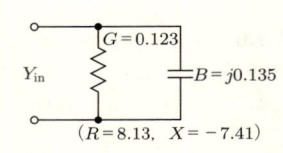

解図 4.5

解図 4.6

$P_1 = 1.6$ kW
$P_2 = 1.2$ kW
$I_t = 28 + j4 = 28.3\angle 8.1°$ A, （解図 4.5）

4.14 $|E| = 42.4$ V, 電流計の読み 11.4 A

4.15 $\boldsymbol{Z}_{\text{in}} = 3.69 - j4.05$ [Ω], $\boldsymbol{Y}_{\text{in}} = 0.123 + j0.135$ [S]
$\boldsymbol{I} = 18.3\angle 47.7°$, （解図 4.6）

4.16 $\boldsymbol{Z} = 10 + j17.3$ [Ω]
$P_a = 125$ W, $P_r = 217$ Var (誘導性)
$|\boldsymbol{P}| = 250$ VA, $\cos\phi = 0.5$ (遅れ)

4.17 $P_1 = 744$ W, $P_2 = 256$ W

4.18 $P = 250$ W, $\cos\phi = 0.707$, $C = 79.6$ μF

4.19 $|\boldsymbol{Z}| = \sqrt{1 + 25\left(\dfrac{\omega}{\omega_0} - \dfrac{\omega_0}{\omega}\right)^2}$,

$Q = 5$, （解図 4.7）

4.20 $\boldsymbol{Z} = 9 + j5.2$ Ω, $\boldsymbol{I} = 9.62\angle 30°$

4.21 $C = \dfrac{1 \pm \sqrt{1 - 4\dfrac{\omega^2 L^2}{R_2^2}}}{2\omega^2 L}$

4.22 $R^2 = \dfrac{L}{C}$

4.23 $C = \dfrac{L}{R^2 + \omega^2 L^2}$, $|\boldsymbol{Z}|_{\max} = \dfrac{L}{RC}$

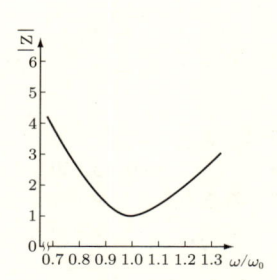

解図 4.7

4.24 $I = \dfrac{E}{R + j\omega L + \dfrac{1}{j\omega C}}$

$\boldsymbol{E}_R = \boldsymbol{E}, \quad \boldsymbol{E}_L = jQ\boldsymbol{E}, \quad \boldsymbol{E}_C = -jQ\boldsymbol{E}$

4.25 $R = \sqrt{R_0^2 + (\omega L)^2}$

4.26 $R_X = \dfrac{R_2 C_4}{C_3}, \quad C_X = \dfrac{R_4 C_3}{R_2}$

5章

5.1 $E = 0$ とおいた同次方程式において，$i(t) = i_0 \varepsilon^{-\lambda t}$ を代入する．以下5章の式 (5.3)〜(5.9) の手順によって，$i(t) = (E/R)(1 - \varepsilon^{-Rt/L})$ を得る．各自確かめよ．

5.2 過渡現象の収束の速さを示す量で，時間の次元をもっている．$t = 0$ で始まった過渡現象が $t = \tau$ (時定数) となる時刻に，最終的な値 ($t = \infty$) の63.2%となる．時定数が小さいほど，最終値に早く収束することになる．

5.3 $\tau = L/R = 0.001/100 = 10^{-5} = 10$ μs

5.4 $\tau = L/R$ より，$L = R\tau = 1000 \times 0.001 = 1H$ となる．

5.5 RL 回路を流れる電流は，$i(t) = (E/R)(1 - \varepsilon^{-Rt/L})$ と表されるので，最終値は $i(\infty) = E/R$ であり，$1 - \varepsilon^{-Rt/L} = 0.95$ を解けばよい．$\varepsilon^{-t/\tau} = 0.05$ より，$t = -\tau \ln 0.05 = 0.01 \times 2.996\mathrm{s} = 30$ ms

5.6 $i(t)/i(\infty) = 1 - \varepsilon^{-t/\tau} = 1 - \varepsilon^{-5} = 0.993$ となり，99.3%である．

5.7 RC 直列回路の微分方程式は，コンデンサに蓄えられる電荷を $q(t)$ として，$R\,dq(t)/dt + q(t)/C = E$ で与えられ，RL の場合とまったく同形である．よって $\tau = RC$ となる．

5.8 時定数が $\tau = RC$ であるから，$R = \tau/C = 10^{-3}/10^{-7} = 10^4 = 10$ kΩ

5.9 RC 回路を流れる電流は $i(t) = (E/R)\varepsilon^{-t/\tau}$ であり，コンデンサの端子電圧は $v(t) = E(1 - \varepsilon^{-t/\tau})$ が $t = 1$ ms で90%であることから，$1 - \varepsilon^{-t/\tau} = 0.9$，よって
$$\tau = -t/\ln 0.1 = 0.434 \text{ ms}$$

5.10 積分回路として動作するためには，$\tau > T$ が成立することである．$1 - \varepsilon^{-T/\tau} = 0.20$ より，$T = -\tau \ln 0.8 = 0.223\tau$ となる．これらの関係を式で記述すれば，
$$R\,dq(t)/dt + q(t)/C = e_i(t)$$
$$e_i(t)/R = dq(t)/dt + q(t)/RC$$

ここで，$\tau = RC$ が十分に大きければ，$q(t)/RC$ の項が無視できて，
$$q(t) = (1/R)\int e_i(t)\,dt$$

となり，コンデンサの端子電圧は
$$v_C(t) = q(t)/C = (1/RC)\int e_i(t)\,dt$$

となり，入力電圧の積分値と近似される．

5.11 (i) $i(t) = 5(1 - \varepsilon^{-2t})$ [A]
(ii) $t = 0.347$ s
(iii) $i(0.1) = 0.907$ A
(iv) $\tau = 0.5$ s
(v) 0.632, 0.865, 0.950, 0.982, 0.993

5.12 (i) $p_R(t) = 500(1 - 2\varepsilon^{-2t} + 2\varepsilon^{-4t})$ [W]
(ii) $p_L(t) = 500(\varepsilon^{-2t} - \varepsilon^{-4t})$ [Var]
(iii) $w_L(t) = 125(\varepsilon^{-2t} - 1)^2$ [J]
(iv) $w_L = 125$ J

5.13 (i) $i(t) = 1 - \varepsilon^{-10t}$ [A] $(0.05 \geqq t \geqq 0)$

$i(t) = 0.5 - 0.107\varepsilon^{-10(t-0.05)}$ [A] $(t \geqq 0.05)$

(ii) $i(t) = 1 - \varepsilon^{-10t}$ [A] $(0.3 \geqq t \geqq 0)$

$i(t) = 0.5 + 0.451\varepsilon^{-10(t-0.3)}$ [A] $(t \geqq 0.3)$

(iii) $T_0 = 0.0693$ s
(iv) 解図 5.1

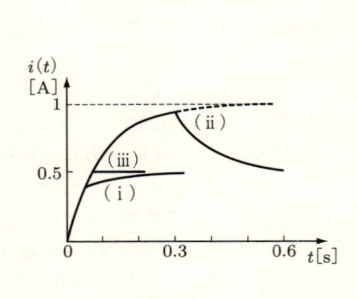

解図 5.1

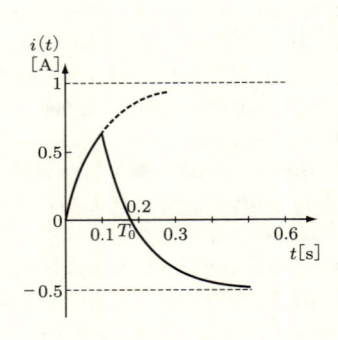

解図 5.2

5.14 (i) $i(t) = 1 - \varepsilon^{-10t}$ [A] $(0.1 \geqq t \geqq 0)$

$i(t) = -0.5 + 1.13\varepsilon^{-10(t-0.1)}$ [A] $(t \geqq 0.1)$

(ii) $T_0 = 0.182$ s
(iii) 解図 5.2

5.15 (i) $i(t) = 0.05\varepsilon^{-5t}$ [A]．（解図 5.3）$q(t)$ を求めてから $i(t)$ を求めます．
(ii) 30.3, 18.4, 11.2, 6.77, 4.10 mA
(iii) $v_R(t) = 50\varepsilon^{-5t}$ [V], $v_C(t) = 50\{1 - \varepsilon^{-5t}\}$ [V]
(iv) $\tau = 0.2$ s
(v) $p_R(t) = 2.5\varepsilon^{-10t}$ [W]
(vi) $W_R = 0.25$ J
(vii) $p_C(t) = 2.5\{\varepsilon^{-5t} - \varepsilon^{-10t}\}$ [Var]

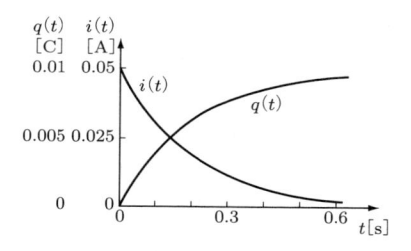

解図 5.3

5.16 $q(t) = 0.01 - 0.005\varepsilon^{-20t}$ [C] （電池の＋と電荷の＋が接続されるとき）

$q(t) = 0.01 - 0.015\varepsilon^{-20t}$ [C] （上記の逆）
(図解 5.4)

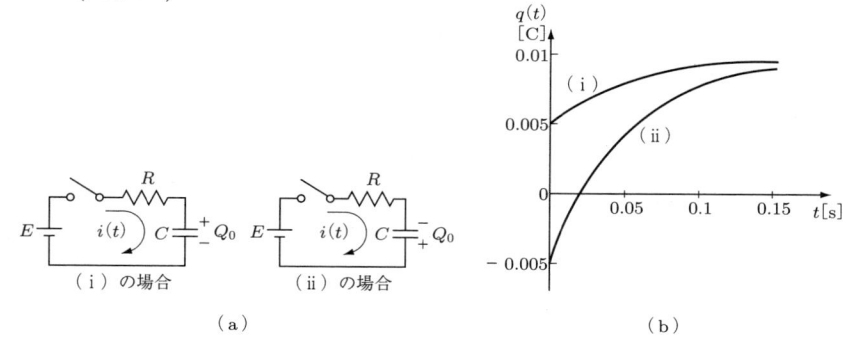

解図 5.4

5.17 $i_1(t) = 0.05 + 0.15\varepsilon^{-5.33t}$ [A]

$i_2(t) = 0.05\{1 - \varepsilon^{-5.33t}\}$ [A]

$i_3(t) = 0.2\varepsilon^{-5.33t}$ [A]

5.18 (i) $i(t) = -5\varepsilon^{-100t}$ [mA]
(ii) $W_C = 12.5$ μJ
(iii) $p_R(t) = 2.5\varepsilon^{-200t}$ [mW]
(iv) $W_R = 12.5$ μJ
(v) $Q_0 = 100$ μC

5.19 $R_1 = R_2$, $R_1 R_2 = L/C$

5.20 $R^2 > L/4C$

$$f = \frac{1}{2\pi}\sqrt{\frac{1}{LC} - \frac{1}{4(RC)^2}}$$

6章

6.1 クーロン力は
$$F = Q_1 Q_2/4\pi\varepsilon_0 r^2 = 9\times 10^9(-30\times 10^{-9})\times(40\times 10^{-9})/0.06^2 = -3 \text{ mN}$$
負号は引力であることを示している．

6.2 クーロン力は
$$F = Q_1 Q_2/4\pi\varepsilon_0 r^2 = k/r^2 \text{であり，} r \to 2r \text{となれば，} F \to F/4 \text{となる．}$$
クーロン力は $1/4$ となる．

6.3 クーロン力は
$$F = Q_1 Q_2/4\pi\varepsilon_0 r^2 = 9\times 10^9 Q^2/0.1^2 = 9\times 10^{11} Q^2 = 9\times 10^{-9}$$
よって，$Q = 10^{-10} = 0.1$ nC

6.4 電界が電荷に働く力は，$F = qE$ であるから，
$$E = F/q = 300\times 10^{-9}/0.1\times 10^{-9} = 3 \text{ kV}$$

6.5 点電荷 Q からの距離が r_1 の点の電位は方向にかかわらず，$V = Q/4\pi\varepsilon r_1$ であるから，$r_1 < r_2$ として 2 点間の電位差 V_{12} は
$$V_{12} = Q/4\pi\varepsilon(1/r_1 - 1/r_2)$$

6.6 半径 a の水滴の表面の電位は，$V_1 = Q/4\pi\varepsilon a$ である．半径 a の球の体積は $4\pi a^3/3$ であり，二倍の体積の半径 a_2 は $2\times 4\pi a^3/3 = 4\pi a_2^3/3$ より，$a_2 = \sqrt[3]{2}\,a$ となって，電荷も 2 倍になるので，
$$V_2 = 2Q/4\pi\varepsilon\sqrt[3]{2}\,a = 2^{2/3}Q/4\pi\varepsilon a = 2^{2/3}V_1$$

6.7 平行平板コンデンサの静電容量は
$$C = \varepsilon S/d = 8.854\times 10^{-12}\times 0.1\times 0.1/0.001 = 88.5 \text{ pF}$$

6.8 電荷と電位差の関係は，$V = Q/C$ であるから，
$$V = 10^{-7}/88.5\times 10^{-12} = 1.13 \text{ kV}$$

6.9 半径 a [m] の導体球の静電容量は $C = 4\pi\varepsilon_0 a$ であるから，
$$C_1 = 4\pi\times 8.854\times 10^{-12}\times 0.1 = 11.1 \text{ pF}$$
と同様に，地球では
$$C_2 = 4\pi\times 8.854\times 10^{-12}\times 6378\times 10^3 = 709 \text{ μF}$$

6.10 導体球に蓄えられている電荷は
$$Q = C_1 V = 11.1\times 10^{-12}\times 100 = 1.11\times 10^{-9} = 1.11 \text{ nC}$$
二つの導体球が接続されると，コンデンサは並列接続と考えられ，近似的に大きいコンデンサで表現されるので，その電位は

$$V = Q/C_2 = 1.11 \times 10^{-9}/709 \times 10^{-6} = 1.57 \times 10^{-6} = 1.57 \text{ μV}$$

この様に電位が低下する．このようにアースの効果は電子機器に外来雑音が入っても，アースにより電位が下がるので，影響が現れにくくなる．

6.11 1.6 N の引力，0.8 N の引力
6.12 三角形の外側に向いて 0.390 N
6.13 $E = 2$ kV/m, $V = 600$ V
6.14 $V = 5.57 \times 10^{-13}$ V $= 0.557$ pV
6.15 $W = 1.6 \times 10^{-16}$ J, $v = 1.87 \times 10^7$ m/s
6.16 (i) $\sigma = 5.18 \times 10^{-8}$ C/m^2
　　　(ii) $E = 5.6$ kV/m
　　　(iii) $V = 5.6$ kV
6.17 $C = \varepsilon_0 \dfrac{\varepsilon_r S_1 + \varepsilon_{r2} S_2}{d}$
6.18 $C = 22.2$ pF, $C = 111$ pF
6.19 $Q = 2$ mC, $W = 0.1$ J
6.20 $V = d\sqrt{\dfrac{2mg}{\varepsilon_0 S}}$

7 章

7.1 直線導体から，距離 a 離れた点の磁界強度は，ビオ・サバールの法則より，$H = I/2\pi a$ であるから，

$$H = 10^{-3}/2\pi \times 0.1 = 1.59 \times 10^{-3} = 1.59 \text{ mA/m}$$

磁束密度は

$$B = \mu_0 H = 4\pi \times 10^{-7} \times 1.59 \times 10^{-3} = 2 \times 10^{-9} = 2 \text{ nT}$$

7.2 1 回巻きのコイルの中心の磁界強度は，$H = I/2a$ である．磁束密度は $B = \mu_0 H$ より

$$B = 4\pi \times 10^{-7} I/2 \times 0.1 = 30 \times 10^{-6}$$

であるから，$I = 4.77$ A．

7.3 長さが a の線路からその中心で距離 $a/2$ はなれた点の磁界強度は式 (7.11) において，積分範囲を $\pi/4 \sim -\pi/4$ とすればよく，1 辺で作る磁界は $H = \{I/4\pi(a/2)\} \times 2\sqrt{2}/2 = \sqrt{2}I/2\pi a$ であるから，4 辺合わせれば，

$$H = 2\sqrt{2}I/\pi a = 2\sqrt{2} \times 0.01/\pi \times 0.1 = 0.09 = 90 \text{ mA/m}$$

7.4 直線導体から a の距離の磁界強度は，$H = I/2\pi a$ であり，往復導体では磁界が重なり合うことから，2 倍となり

$$H = 2I/2\pi a = I/\pi a = 10/0.1 \times \pi = 100/\pi \text{ A/m}$$

であり，磁束密度は
$$B = \mu_0 H = 4\pi \times 10^{-7} \times 100/\pi = 4 \times 10^{-5} = 40 \ \mu\text{T}$$

7.5 磁界から受ける力は，それぞれの値が直交していれば，
$$F = IBl = 0.3 \times 0.01 \times 0.2 = 6 \times 10^{-4} = 0.6 \ \text{mN}$$

7.6 一方の導体によって，他方の導体のある場所に作る磁束密度は，$B = \mu_0 I_1/2\pi d$ であるから，導体 2 に電流 I_2 が流れていれば，この導体に働く力は
$$F = \mu_0 I_1 I_2 l/2\pi d = 4\pi \times 10^{-7} \times 1 \times 1 \times 1/2\pi \times 1 = 2 \times 10^{-7} = 0.2 \ \mu\text{N}$$
この力が電流の定義として用いられている．

7.7 磁気抵抗は
$$R_\text{m} = F_\text{m}/\phi = 1000/25 \times 10^{-3} = 4 \times 10^4 = 40 \ \text{kA/Wb} = 40 \ \text{k}/\text{H}$$

7.8 磁気抵抗は $R_\text{m} = l/\mu S$ であるから，透磁率は
$$\mu = \mu_0 \mu_r = l/R_\text{m} S \ [\text{H/m}]$$

7.9 環状ソレノイドコイルの内部磁界は
$$H = NI/2\pi a = 2000 \times 0.1/0.4 = 500 \ \text{A/m}$$

7.10 コイル内部の磁界は $H = NI/2\pi a = 1500 \times 0.02/2\pi \times 0.05$ であり，磁束密度は
$$B = \mu_0 \mu_r H = 4\pi \times 10^{-7} \times 1000 \times 1500 \times 0.02/2\pi \times 0.05 = 0.12 T$$

7.11 $H = 1.27 \times 10^4 \ \text{A/m}, \ B = 1.59 \times 10^{-2} \ \text{T}$

7.12 $F = \dfrac{2(ml)^2}{4\pi\mu_0} \dfrac{(2l^2 + 6lr + 3r^2)}{\{r(l+r)(2l+r)\}^2} \ [\text{N}]$

7.13 $H_1 = \dfrac{M}{4\pi\mu_0} \dfrac{1}{r^2} \left(1 - \dfrac{3}{8}\left(\dfrac{l}{r}\right)^2\right) \ [\text{A/m}]$

$H_2 = \dfrac{M}{4\pi\mu_0} \dfrac{2}{r^3} \left(1 + \dfrac{1}{8}\left(\dfrac{l}{r}\right)^2\right) \ [\text{A/m}]$

任意の点 P において求める場合は解図 7.1 を参照して求めよ．

7.14 コイルの半径を a_1, a_2 とすれば
$$\dfrac{a_2}{a_1} = \dfrac{E_2}{E_1} \dfrac{R_1}{R_2}$$
の関係があればよく，E_1, E_2 の向きは逆方向とする．

7.15 $H = \dfrac{a^2 I}{2} \left[\dfrac{1}{\{a^2 + (b+x)^2\}^{3/2}} + \dfrac{1}{\{a^2 + (b-x)^2\}^{3/2}}\right] \ [\text{A/m}]$

$H_0 = \left(\dfrac{4}{5}\right)^{1.5} \dfrac{I}{a} \ [\text{A/m}]$

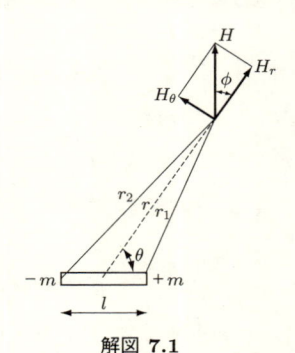

解図 7.1

7.16 $H = 1.59 \text{ kA/m}, \quad B = 2 \text{ mT}$

7.17 コイルの端面からの距離を x として (図解 7.2)

$$H = \frac{nI}{2}\left[\frac{x}{\sqrt{a^2+x^2}} + \frac{l-x}{\sqrt{a^2+(x-l)^2}}\right] \text{ [A/m]}$$

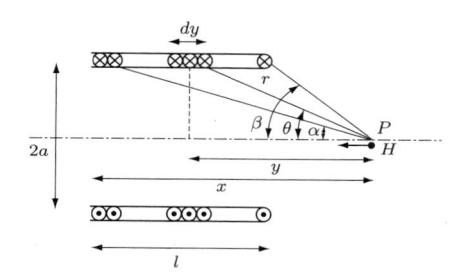

解図 **7.2**

7.18 力の方向は下向きで, $F = 9 \text{ mN}$
7.19 $W = 31.4 \text{ μJ}$
7.20 $I = \dfrac{k\theta}{nBS\cos\theta}$ [A]
7.21 $\chi = 0.376 \text{ mH/m}$,
$J = 73.1 \text{ mT}$
$H_i = 194 \text{ A/m}, B_i = 73.5 \text{ mT}$
7.22 図解 7.3
7.23 $U = 0.952fVH_cB_r$ [cal]
7.24 $f = \dfrac{1}{2}B^2\left(\dfrac{1}{\mu_2} - \dfrac{1}{\mu_1}\right)$ [N/m^2]
7.25 $R_m = 10^7 \text{ A/Wb}$
7.26 $I = 3.65 \text{ A}, \ \phi = 0.6 \text{ mWb}$

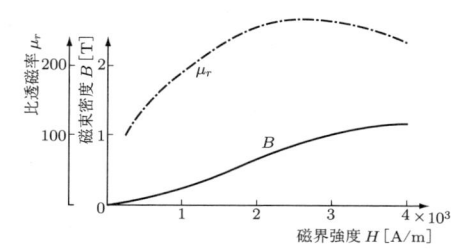

解図 **7.3**

8 章

8.1 ファラデーの法則によって, 発生する起電力は

$$e = -d\phi/dt = -0.1/0.01 = -10 \text{ V}$$

となる. 負号の意味は磁束の増加を妨げる方向である.

8.2 コイルに鎖交する磁束は巻き回数倍となるので,

$$e = -d\phi/dt = -10 \times 0.3/0.1 = -30 \text{ V}$$

8.3 コイルに誘起される起電力は
$$e = -d\phi/dt = -100 \times 0.00265 d\{\sin(2\pi \times 60t)\}/dt$$
$$= -100 \times 0.00265 \times 2\pi \times 60 \cos(2\pi \times 60t) = 100 \cos(2\pi \times 60t) \text{ [V]}$$

8.4 コイルの鎖交磁束は
$$\phi = LI = 10^{-3} \times 0.2 = 0.2 \text{ mWb}$$

8.5 コイルに蓄えられる磁気エネルギーは
$$W = LI^2/2 = 0.02 \times (0.004)^2/2 = 16 \times 10^{-8} = 160 \text{ nJ}$$

8.6 二次コイルに鎖交する磁束は，$\phi_{21} = MI_1$ であり，
$$M = \phi_{21}/I_1 = 90 \times 10^{-6}/0.3 = 300 \times 10^{-6} = 300 \text{ μH}$$

8.7 お互いの作る磁束が減ずるように接続されれば，例題 8.4 から
$$L_0 = L_1 + L_2 - 2M \text{ [H]}$$

8.8 コイルは磁束が加わるように巻かれているので，全体の自己インダクタンスは $L = L_1 + L_2 + 2M$ であり，結合が完全であるとすれば，$M = \sqrt{L_1 L_2}$ となるので，この二つの式から $M^2 = LL_1 - L_1^2 - 2ML_1$．これより，$L_1 = L_2 = L/2 - M$ とき最大となり，コイルの真ん中から端子を取り出すことになる．そのとき，$M = L/4$ である．

別解 コイルの巻き数を $N_1 + N_2 = N$ 一定とし，相互インダクタンスは $N_1 N_2$ に比例するので，$N_1 N_2$ の最大値は $N_1 = N_2 = N/2$ のときである．

8.9 環状ソレノイドコイルの自己インダクタンスは
$$L = 4\pi\mu_0\mu_r N^2 S/l = 4\pi \times 10^{-7} \times 1000 \times 100^2 \times 0.0002/2\pi \times 0.05 = 0.008 = 8 \text{ mH}$$

8.10 平行 2 本線路の往復の単位長さの自己インダクタンスは
$$L = \frac{\mu_0}{\pi} \cdot \ln \frac{R}{r}$$
である．ただし，R：線間距離，r：導線の半径，ここで $R = 2h$ とすればよく，また，インダクタンスは 1 線のために半分となり，
$$L = \mu_0 \ln(2h/a)/2\pi \text{ [H/m]}$$
この式に値を代入すると
$$L = 4\pi \times 10^{-7} \times \ln(2 \times 0.05/0.001)/2\pi = 2 \times 10^{-7} \times \ln 100$$
$$= 0.92 \times 10^{-6} = 0.92 \text{ μH/m}$$

8.11 $e = 6$ V
8.12 $e = 2.60$ mV
8.13 $I = 1$ A

8.14 $L_1 = \mu_0 \mu_r \dfrac{N^2 S}{l}$ [H], $L_2 = \mu_0 \mu_r \dfrac{N^2 S}{(l-a) + \mu_r a}$ [H]

8.15 $M = \mu_0 \mu_r \dfrac{N_1 N_2 S}{l}$ [H]

8.16 $L_0 = 0$ [H], $R_0 = 2R$ [Ω]

8.17 $L = 8.15$ μH, ただし, $D/l = 1$, $k = 0.688$

8.18 $L = \dfrac{\mu_0}{2\pi} \ln \dfrac{2h-a}{a}$ [H]

8.19 $W = 24$ J

8.20 $F = 15.9$ kN

9 章

9.1 ばね定数 k と変位 x の関係は, $x = F_\mathrm{m}/k$ であるから,
$$F_\mathrm{m} = xk = 10^{-3} \times 1000 = 1 \text{ N}$$

9.2 抵抗係数 R_m と速度 v との間には, $R_\mathrm{m} v = F_\mathrm{m}$ の関係があり,
$$F_\mathrm{m} = R_\mathrm{m} v = 10 \times 0.01 = 0.1 \text{ N}$$

9.3 ばねと質量で構成される系の振動の角周波数は, $\omega = \sqrt{k/M}$ であるから周期は
$$T = 1/f = 2\pi\sqrt{M/k} = 2\pi\sqrt{5/5} = 2\pi = 6.28 \text{ Hz}$$
ばねと質量で構成された系は, インダクタンスとキャパシタンスで構成された系と同じである. 双対な関係は, $\omega = 1/\sqrt{LC}$ である.

9.4 ばねと質量で構成される系の運動の方程式は, 変位を x として $Md^2x/dt^2 + kx = 0$ であり, 初期条件は $x(0) = 0.05$, $v(0) = dx/dt\big|_{t=0} = 0$ を用いると, $x(t) = A\cos\omega t + B\sin\omega t$ において, $A = x(0) = 0.05$, $B = 0$, $\omega = \sqrt{k/M} = \sqrt{20/5} = 2$ rad/s である. よって,
$$x(t) = 0.05 \cos 2t$$
電気の系では, $Ldi/dt + \int i dt / C = 0$ を変形して, $i = dq/dt$ を用いれば, まったく同形の方程式となる.
$$Ld^2q/dt^2 + q/C = 0$$

9.5 前問と同じであるから, その解は $x(t) = A\cos\omega t + B\sin\omega t$ であり, $\omega = \sqrt{k/M} = 3$, 初期条件は $x(0) = A = 0$, $v(0) = dx/dt\big|_{t=0} = B\omega = -0.6$ であるから, $B = -0.6/\omega = -0.2$, よって
$$x(t) = -0.2 \sin 3t$$

9.6 機械系の直列共振の運動方程式は, 変位を x として, $Md^2x/dt^2 + R_\mathrm{m} dx/dt + kx = 0$. これは電気系の式, $Ldq^2/dt^2 + Rdq/dt + q/C = 0$ とまったく同形である. 系

が減衰振動するためには，電気系では $R^2 < 4L/C$ の条件での振動の角周波数は $\omega = \sqrt{4L/C - R^2}/2L$ である．機械系では $R_m^2 < 4Mk$ の条件で，
$$\omega = \sqrt{(4Mk - R_m^2)/2M} = \sqrt{4 \times 4 \times 10 - 4^2}/2 \times 4 = \frac{3}{2} \text{ rad/s}$$
よって，
$$f = \omega/2\pi = 0.239 \text{ Hz}$$

9.7 質量 m の物体が平衡状態より，y だけずれた状態にあれば，方程式は $md^2y/dt^2 = -g\rho S y$．ただし，g は重力の加速度であり $g = 9.8$ m/s^2，ρ は海水の密度である．比重が 1.03 であるから，$\rho = 1.03 \times 10^3$ kg/m^3 である．この方程式は電気回路で $m = L$，$1/g\rho S = C$ とおいた，単振動の方程式である．振動の角周波数は $\omega = \sqrt{g\rho S/m}$ であるから，振動の周期は
$$T = 1/f = 2\pi\sqrt{m/g\rho S} = 1.083 \fallingdotseq 1 \text{ s}$$

別解 うきの沈んでいる部分の長さを H とすると，$m = \rho S H$ であるから，
$$\omega = \sqrt{\frac{g\rho S}{\rho S H}} = \sqrt{\frac{g}{H}}$$
となり
$$T = 2\pi\sqrt{\frac{H}{g}}$$

9.8 定常状態の熱伝導は抵抗回路と等しく，ガラスの内部の温度勾配は一定であり，通過する熱量は
$$Q_0 = Qt = (\theta/R_h)t = \{\theta/(d/S\lambda)\}t = [(25-0)/\{0.006/4 \times 0.7\}] \times 3600$$
$$= 42.0 \times 10^6 = 42 \text{ MJ}$$

9.9 この問題も前問と同様に考えることができ，定常状態では抵抗回路と等しくなる．
$$Q = \theta/(d/S\lambda) = \theta\lambda S/d = 35 \times 42.9 \times 50/0.075 = 1.001 \times 10^6 \fallingdotseq 1.0 \text{ MJ/s}$$

9.10 二枚の板を通過する熱量は，直列に接続された抵抗回路と考えれば，等しくなる．よって，
$$Q = \theta/(d/S\lambda_1) = 15 \times 16 S/d$$
$$Q = \theta/(d/S\lambda_2) = 30 \times \lambda_2 S/d$$
これらの値が等しいことから，
$$\lambda_2 = 15 \times 16/30 = 8 \text{ W/m·K}$$

9.11 $\omega = \sqrt{g/\Delta} = 6.28$ rad，$f = 1$ Hz （図解 9.1）
9.12 34 kN
9.13 $f = \dfrac{1}{2\pi}\sqrt{\dfrac{g}{l}}$

(a) 貨車の振動　　(b) 等価電気回路

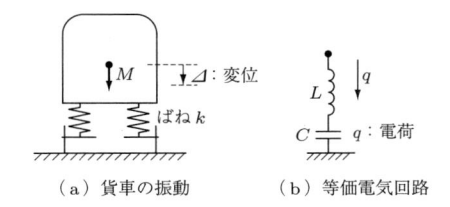

解図 **9.1**

9.14　解図 9.2

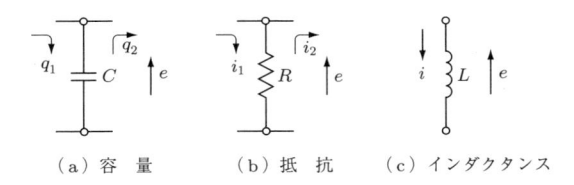

(a) 容　量　　(b) 抵　抗　　(c) インダクタンス

解図 **9.2**　対応する電気回路

9.15　解図 9.3

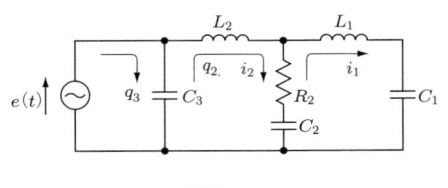

解図 **9.3**

9.16　解図 9.4, 9.5

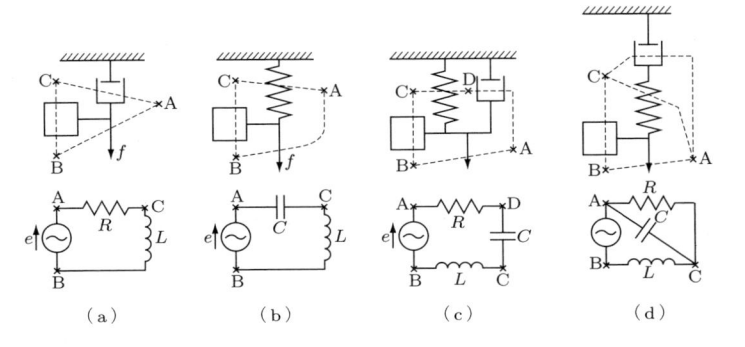

(a)　　(b)　　(c)　　(d)

解図 **9.4**

解図 9.5 (a) (b) (c) (d)

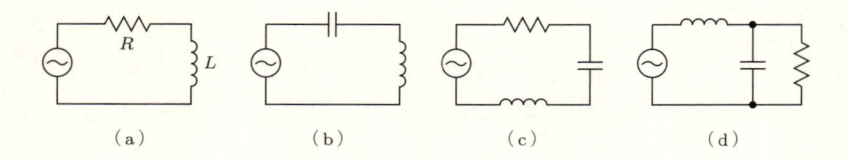

9.17 ヘルムホルツの共鳴器という．137 Hz

9.18 $h = \dfrac{T_1 - T_2}{R_{h1} + R_{h2}}$　　$R_{h1,2} = \dfrac{d_{1,2}}{S\lambda_{1,2}}$　　(S は考えている面積)

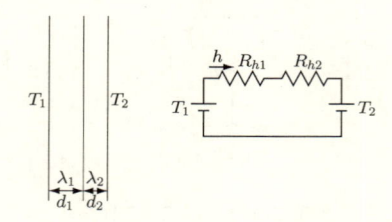

解図 9.6

9.19 (i) 498 kJ/m^2，(ii) 122 kJ/m^2

10 章

10.1 負荷のインピーダンスは

$$Z = R + jX = 10 + j2\pi \times 50 \times 0.01 = 10 + j\pi$$
$$|Z| = \sqrt{10^2 + \pi^2} = 10.5$$
$$\angle Z = \tan^{-1}(\pi/10) = 17.4°$$

基準の電流は

$$I_\mathrm{a} = E/Z = 200/(10.5\angle + 17.4°) = 19.0V\angle - 17.4°$$

よって，

$$I_\mathrm{b} = 19.0V\angle(-17.4° - 120°) = 19.0V\angle - 137.4°$$
$$I_\mathrm{c} = 19.0V\angle - 257.4°$$

10.2 第四線を流れる電流は，各線の電流の合計であるから，

$$I_0 = I_\mathrm{a} + I_\mathrm{b} + I_\mathrm{c} = 19.0\angle - 17.4° + 19.0V\angle - 137.4° + 19.0V\angle - 257.4°$$

$$= 18.13 - j5.68 + -13.98 - j12.86 + -4.14 + j18.54 = 0$$

となって，第四線には電流は流れない．

10.3 線間電圧は (解図 10.1)

$$E_{ab} = E_a - E_b = 200\angle 0° - 200\angle -120° = \{200 + j0\} - \{-100 - j173.2\}$$
$$= 300 + j173.2 = 346.4\angle 30°$$

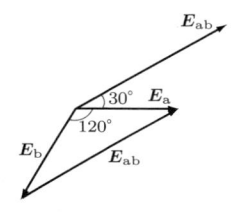

解図 10.1

10.4 電圧と電流の位相差を θ とすれば，力率は $\phi = \cos\theta = 0.954$ であり，一相での消費電力は

$$P = |E||I|\cos\theta = 200 \times 19.0 \times 0.954 = 3625 \text{ W}$$

よって，全消費電力は

$$P_0 = 3P = 10876 = 10.9 \text{ kW}$$

10.5 各線間の電圧を E_{ab}, E_{bc}, E_{ca} とすれば，各抵抗を流れる電流は $I_{ab} = E_{ab}/R$, $I_{bc} = E_{bc}/R, I_{ca} = E_{ca}/R$ であるから，

$$I_{ab} = 200/20 = 10\angle 0°,$$
$$I_{bc} = 200/20 = 10\angle -120°,$$
$$I_{ca} = 200/20 = 10\angle -240°$$

各線を流れる電流は，

$$I_a = I_{ab} - I_{ca} = \{10\angle 0°\} - \{10\angle -240°\}$$
$$= \{10 + j0\} - \{-5 + j8.66\} = 15 - j8.66 = 17.3\angle -30°$$
$$I_b = I_{bc} - I_{ab} = 17.3\angle -150°, \quad I_c = I_{ca} - I_{bc} = 17.3\angle -270°$$

10.6 解図 10.2

10.7 線間の電圧と Y 接続された電圧の関係は，$E_{ab} = E_a - E_b$, $E_{bc} = E_b - E_c$, $E_{ca} = E_c - E_a$ であるから，$E_{ab} - E_{ca} = (E_a - E_b) - (E_c - E_a) = 2E_a - E_b - E_c = 3E_a - (E_a + E_b + E_c)$ となり，$E_a + E_b + E_c = 0$ であるから，

$$E_a = (E_{ab} - E_{ca})/3 = (200\angle 0° - 200\angle -240°)/3$$

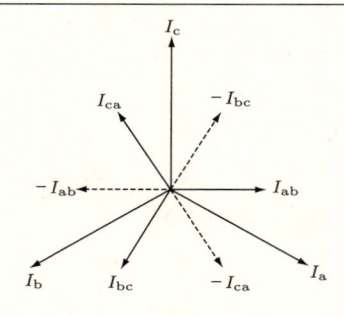

解図 10.2

$$= (200 + 100 - j173.2)/3 = 100 - j57.7 = 115.5 V\angle -30°$$

同様に

$$E_b = (E_{bc} - E_{ab})/3 = 115.5 \text{ V}\angle -150°$$

$$E_c = (E_{ca} - E_{bc})/3 = 115.5 \text{ V}\angle -270°$$

この結果

$$|E_a| = |E_{ab}|/\sqrt{3}, \qquad \angle E_a = \angle E_{ab} - 30°$$

である (解図 10.3).

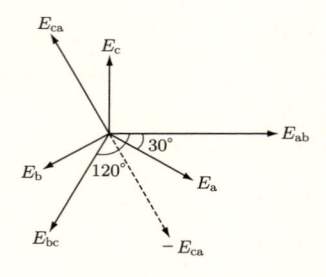

解図 10.3

10.8 三相の端子間の抵抗は Y 接続の場合は $2R$ となる.Δ 接続された抵抗の値を r とすれば,Δ 接続された端子間の抵抗値は,$2r/3$ である.この値が等価であることから,$2R = 2r/3$ から

$$r = 3R$$

10.9 各相の消費電力が $P = V_Y I_Y \cos\phi = 100 \times 10 \times 0.90 = 900$ W であるから

$$P_0 = 3P = 2700 = 2.7 \text{ kW}$$

10.10 各相の消費電力が $P = V_\Delta I_\Delta \cos\phi = 173 \times 5.77 \times 0.90 = 900$ W であるから,

$P_0 = 3P = 2.7$ kW

となって，結線方法に関係なく，同じ電力となる．

10.11 $I_{RY} = \dfrac{1}{\sqrt{3}} \dfrac{V}{R}$ [A], $\quad I_{lY} = \dfrac{1}{\sqrt{3}} \dfrac{V}{R}$ [A]

$I_{R\Delta} = \dfrac{V}{R}$ [A], $\quad I_{l\Delta} = \sqrt{3} \dfrac{V}{R}$ [A]

10.12 (a) $\dfrac{4}{\sqrt{3}} \dfrac{V}{R}$ [A], $\dfrac{\sqrt{3}}{4} \dfrac{V}{R}$ [A]

10.13 173.2 V (解図 10.4)

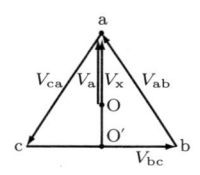

解図 10.4

10.14 $Z_a = 2.16 - j1.62$ [Ω], $\quad Z_b = -1.44 - j1.92$ [Ω]

$Z_c = 4.32 + j5.76$ [Ω]

10.15 $Z_{ab} = 0.6 + j4$ [Ω], $\quad Z_{bc} = 6.67 - j1$ [Ω]

$Z_{ca} = -0.75 - j5$ [Ω]

10.16 $\omega CR = \dfrac{1}{\omega Cr} = \sqrt{3}$ (解図 10.5)

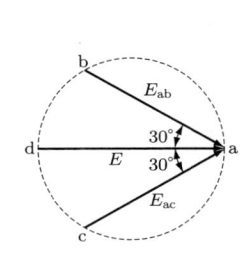

解図 10.5 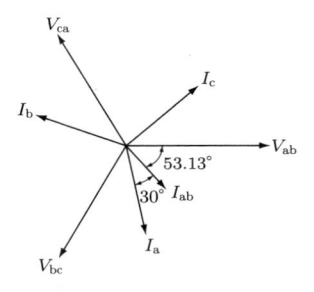 解図 10.6

10.17 $I_a = 34.6\angle -83.1°$ A, $\quad I_b = 34.6\angle -203.1°$ A

$I_c = 34.6\angle -323.1°$ A (解図 10.6)

10.18 $\boldsymbol{I}_1 = 28.9$ A, $\angle \boldsymbol{I}_1 = -45.6°$

10.19 $W = 10$ kW, $\cos\phi = 0.5$

10.20 $P = \dfrac{1}{2}\{3W + \sqrt{3}\sqrt{(VI)^2 - W^2}\}$

参 考 文 献

　電気工学の基礎については，多くの名著があり，それらをすべて記述することはできませんが，ここに参考にさせていただきました本の一部を列記させていただきます．読者もより多くの著書を参考にして，より一層の学習をすることをお推めいたします．また問題集，演習書等については記述を略させていただきました．
　まず電気工学一般については，
　1.　電気学会編：電気理論Ⅰ，Ⅱ，電気学会
　2.　雨宮好文：電気工学，培風館
　3.　沢　荘平：初歩の電気工学，理工学社
　4.　入江富士男：電気工学の基礎，養賢堂
　5.　鈴木一郎・松本和幸：機械技術者のための電気一般，明現社
などがあります．
　特に電気磁気学 (第6, 7, 8章) に関しては，
　6.　電気学会編：基礎電磁気学，電気学会
　7.　山田直平：電気磁気学，電気学会
　8.　副島光積・堀内和夫：電磁気学，コロナ社
　9.　熊谷信昭：電磁気学，コロナ社
　10.　竹山説三：電磁気学現象理論，丸善
などがあります．
　また電気回路 (第2, 3, 4, 5, 10章) については
　11.　平山　博：電気回路論，電気学会
　12.　佐藤利三郎：電気回路学，丸善
　13.　鍛治幸悦・岡田新之助：電気回路Ⅰ，Ⅱ，コロナ社
　14.　田中幸吉・前川禎男：電気回路Ⅰ，Ⅱ，朝倉書店
　15.　飯島健一・中西邦雄：電気回路Ⅰ，Ⅱ，オーム社
などがあります．
　また機械と電気の類推 (第9章) の問題は，
　16.　小堀与一訳：機械振動入門，丸善
　17.　国枝正春：機械振動学，理工学社
などがあります．
　本書を草するに当り，上記の他にも多数の著書・文献を参考にさせていただきました．これらの著者に対し，深甚なる敬意と感謝の意を捧げます．

付　　録

付録 A　電気の分野で用いられる量とその単位 (JIS Z 8203 による)

量	量記号	単位	単位記号	SIと併用してよい単位	基本単位または補助単位または他の単位による組立方
電流	I	アンペア	A		
電荷 (電荷量)	Q	クーロン	C		$A \cdot s$
電界の強さ	E	ボルト毎メートル	V/m		
電位, 電圧, 起電力	V, E	ボルト	V		W/A
電気, 変位	D	クーロン毎平方メートル	C/m^2		
電束	Ψ	クーロン	C		
静電容量	C	ファラッド	F		C/V
誘電率	ε	ファラッド毎メートル	F/m		
電流密度	J	アンペア毎平方メートル	A/m^2		
磁界の強さ	H	アンペア毎メートル	A/m		
起磁力	F	アンペア	A		
磁束密度	B	テスラ	T		Wb/m^2
磁束	Φ	ウェーバ	Wb		$V \cdot s$
自己インダクタンス	L	ヘンリ	H		Wb/A
相互インダクタンス	M	ヘンリ	H		
透磁率	μ	ヘンリ毎メートル	H/m		
磁気モーメント	M	アンペア平方メートル	$A \cdot m^2$		
磁気双極子モーメント	M_m	ウェーバ・メートル	$Wb \cdot m$		
磁化	J	アンペア毎メートル	A/m		
電気抵抗	R	オーム	Ω		V/A
コンダクタンス	G	ジーメンス	S		A/V
抵抗率	ρ	オーム・メートル	$\Omega \cdot m$		
導電率	κ	ジーメンス毎メートル	S/m		
インピーダンス (の大きさ)	Z	オーム	Ω		
リアクタンス	X	オーム	Ω		
有効電力	P_a	ワット	W		
無効電力	P_r			Var (バール)	
皮相電力	P			VA (ボルトアンペア)	
電力量	W	ジュール	J	$W \cdot h$, eV	
長さ	l, L	メートル	m		
質量	M	キログラム	kg		
周波数	f	ヘルツ	Hz		s^{-1}
力	F	ニュートン	N		$kg \cdot m/s^2$
仕事率		ワット	W		J/s

付録 B　10 の整数乗倍を構成するための倍数, 接頭語

単位に乗ぜられる倍数	接頭語の名称	記号	単位に乗ぜられる倍数	接頭語の名称	記号
10^{18}	エクサ	E	10^{-1}	デシ	d
10^{15}	ペタ	P	10^{-2}	センチ	c
10^{12}	テラ	T	10^{-3}	ミリ	m
10^9	ギガ	G	10^{-6}	マイクロ	μ
10^6	メガ	M	10^{-9}	ナノ	n
10^3	キロ	k	10^{-12}	ピコ	p
10^2	ヘクト	h	10^{-15}	フェムト	f
10	デカ	da	10^{-18}	アト	a

付録C　抵抗器の値

E 6 標準値	1.0, 1.5, 2.2, 3.3, 4.7, 6.8	±20%
E12 標準値	1.0, 1.2, 1.5, 1.8, 2.2, 2.7,	
	3.3, 3.9, 4.7, 5.6, 6.8, 8.2	±10%
E24 標準値	1.0, 1.1, 1.2, 1.3, 1.5, 1.6,	
	1.8, 2.0, 2.2, 2.4, 2.7, 3.0,	
	3.3, 3.6, 3.9, 4.3, 4.7, 5.1,	
	5.6, 6.2, 6.8, 7.5, 8.2, 9.1	± 5%

たとえば抵抗値とは，E12 標準値を用いれば，100 Ω，12 kΩ，150 kΩ などとなる．

付録D　数学公式

1. 複素数

虚数単位
$$j = \sqrt{-1}$$

複素数の表示
$$z = x + jy$$
$$z = r\varepsilon^{j\theta} = r(\cos\theta + j\sin\theta) = r\angle\theta$$
$$x = r\cos\theta, \ y = r\sin\theta$$
$$r = \sqrt{x^2 + y^2} \quad \theta = \tan^{-1}\frac{y}{x}$$

共役複素数
$$\overline{z} = x - jy = r\varepsilon^{-j\theta}$$

複素数の四則演算
$$z_1 \pm z_2 = (x_1 \pm x_2) + j(y_1 \pm y_2)$$
$$z_1 z_2 = r_1 r_2 \varepsilon^{j(\theta_1 + \theta_2)}$$
$$\frac{z_1}{z_2} = \frac{r_1}{r_2}\varepsilon^{j(\theta_1 - \theta_2)}$$
$$z^n = r^n \varepsilon^{jn\theta}$$

2. 三角関数

$$\sin^2 x + \cos^2 x = 1, \ 1 + \tan^2 x = \sec^2 x$$
$$1 + \cot^2 x = \text{cosec}^2 x$$
$$\sin(x \pm y) = \sin x \cos y \pm \cos x \sin y$$
$$\cos(x \pm y) = \cos x \cos y \mp \sin x \sin y$$
$$\tan(x \pm y) = \frac{\tan x \pm \tan y}{1 \mp \tan x \tan y}$$

$$\sin x \pm \sin y = 2 \sin \frac{x \pm y}{2} \cos \frac{x \mp y}{2}$$

$$\cos x + \cos y = 2 \cos \frac{x + y}{2} \cos \frac{x - y}{2}$$

$$\cos x - \cos y = -2 \sin \frac{x + y}{2} \sin \frac{x - y}{2}$$

$$\sin x \sin y = -\frac{1}{2}\{\cos(x + y) - \cos(x - y)\}$$

$$\cos x \cos y = \frac{1}{2}\{\cos(x + y) + \cos(x - y)\}$$

$$\sin x \cos y = \frac{1}{2}\{\sin(x + y) + \sin(x - y)\}$$

$$\sin 2x = 2 \sin x \cos x$$

3. 双曲線関数

$$\cosh^2 x - \sinh^2 x = 1 \quad 1 - \tanh^2 x = \text{sech}^2 x$$

$$1 - \coth^2 x = -\text{cosech}^2 x$$

$$\sinh(x \pm y) = \sinh x \cosh y \pm \cosh x \sinh y$$

$$\cosh(x \pm y) = \cosh x \cosh y \pm \sinh x \sinh y$$

$$\tanh(x \pm y) = \frac{\tanh x \pm \tanh y}{1 \pm \tanh x \tanh y}$$

4. 三角関数，双曲線関数と指数関数

$$e^{jx} = \cos x + j \sin x$$

$$\sin x = \frac{1}{2j}(e^{jx} - e^{-jx})$$

$$\cos x = \frac{1}{2}(e^{jx} + e^{-jx})$$

$$\sinh x = \frac{1}{2}(e^x - e^{-x})$$

$$\cosh x = \frac{1}{2}(e^x + e^{-x})$$

$$\sinh jx = j \sin x$$

$$\cosh jx = \cos x$$

$$\tanh jx = j \tan x$$

$$\sinh x = -j \sin jx$$

$$\cosh x = \cos jx$$

$$\tanh x = -j \tan jx$$

索　引

あ 行

アドミタンス　　41, 55
アンペア　　6, 10
アンペアの周回積分の法則　　127
位相子　　52
インピーダンス　　54
　　──の大きさ　　41
ウエーバ　　120
SI 単位　　10
枝路　　27
オーム　　16
　　──の法則　　18

か 行

ガウス定理　　105
角周波数　　36
重ねの定理　　29
過制動　　92
過渡解　　78, 80
過渡現象　　77
環状結線　　178, 181
樹　　27
基準ベクトル　　51
起磁力　　139
起電力　　7, 23
基本単位　　5, 11
逆起電力　　20
　　インダクタンス L に発生する──
　　40
　　静電容量 C に流すと，その──
　　40
　　電気抵抗によって──　　39
キュリー点　　138
強磁性体　　135
共振　　67
　　──角周波数　　68
　　──曲線　　67
キルヒホッフの法則　　24
組立て単位　　12
クーロン　　6, 98
　　──の法則　　99
結合係数　　153
減磁率　　135
合成抵抗　　21, 22
交番電流　　34
交流　　34
　　──電圧　　147
　　──発電機　　147
コンダクタンス　　55

さ 行

最大磁束密度　　138
最大値　　35
最大透磁率　　137
鎖交磁束　　149
三相回路　　176
残留磁化　　137
磁界　　119
磁界の強さ　　119
磁化曲線　　137

索　引　219

磁化の強さ　134
磁化率　135
時間ベクトル　52
磁気エネルギー　91
磁気回路のオームの法則　139
磁気抵抗　139
磁気飽和曲線　137
磁気モーメント　128
磁極の強さ　119
自己インダクタンス　149
自己誘導係数　149
磁束　120
　　──密度　120, 146
実効値　37
時定数　81, 87
地場　119
周期　35
自由電子　6
周波数　36
ジュール　7
　　──熱　8, 31
瞬時値　34
瞬時電力　45
消磁率　135
初期位相　36
初期条件　80
初期透磁率　137
振動　92
正弦波交流　34, 49
静電エネルギー　91
静電容量　110
絶縁体　14
接続点　27
先鋭度　68
線間電圧　178
線電流　178
相互インダクタンス　70, 151

相電圧　178
相電流　178
測温抵抗体　17
ソレノイド　126
　　環状──　128
　　無限長──　126

た　行

体積抵抗率　14
帯電体　98
蓄電器　111
直流　34
直列接続　20
直列に接続　57
抵抗温度係数　17
抵抗器　16
抵抗成分　54
定常解　78
定常状態の解　79
テスラ　120
テブナンの定理　29
電圧　7
　　──降下　20
　　──ベクトル　50
電位　107
　　──差　108
電荷　5, 98
電界　101
電気回路　5
電気抵抗　14, 16
電気変位　104
電極　5
電気量　6
電気力線　102
電子　6, 98
電磁誘導　145
電磁力　130
電束　104

──密度　104
電池　4, 22
点電荷　98
電場　101
電流　5, 6
──計　6
電力　7, 31
──量　7, 31
等価起電力　29
等価抵抗　29
透磁率　119, 135
導体　14
等電位面　103

な 行

内部抵抗　23
長岡係数　155

は 行

波形率　38
波高率　38
ビオ・サバールの法則　123
光の速度　99
ピーク・ピーク値　36
非振動　92
ヒステリシス係数　138
非制動　92
皮相電力　48
比透磁率　119
微分透磁率　137
比誘電率　99
ファラデーの法則　145
複素電圧　50
複素電流　50

ブリッジ回路　71
フレミングの左手の法則　130
フレミングの右手の法則　146
平均値　38
平均電力　45
並列接続　21
並列に接続　58
閉路　27
ベクトル記号法　52
ベクトル軌跡　61
星形結線　178
保磁力　137
ボルト　7

ま 行

右ねじの法則　122

や 行

誘電束　104
誘電率　99
誘導起電力　145
誘導性リアクタンス　54
誘導単位系　5
誘導電流　145
容量性リアクタンス　55

ら 行

リアクタンス成分　54
力率　48
履歴曲線　138
臨界温度　138
臨界制動　92, 93
連結枝　27
レンツの法則　146

著 者 略 歴
池田　哲夫（いけだ・てつお）
- 1961 年　東北大学工学部通信工学科卒業
- 1966 年　東北大学大学院工学研究科博士課程修了（工学博士）
- 1966 年　東北大学助手（通信工学科）
- 1968 年　東北大学工学部助教授
- 1973 年　名古屋工業大学助教授（電気工学科）
- 1977 年　名古屋工業大学教授
- 　　　　　現在，名古屋工業大学名誉教授

電気理論（第 2 版）　　　　　　　　　© 池田哲夫　2006

1989 年 8 月 24 日　第 1 版第 1 刷発行	【本書の無断転載を禁ず】
2005 年 3 月 10 日　第 1 版第 15 刷発行	
2006 年 12 月 15 日　第 2 版第 1 刷発行	
2013 年 2 月 26 日　第 2 版第 3 刷発行	

著　者　池田哲夫
発行者　森北博巳
発行所　森北出版株式会社
　　　　東京都千代田区富士見 1-4-11（〒 102-0071）
　　　　電話 03-3265-8341 ／ FAX 03-3264-8709
　　　　http://www.morikita.co.jp/
　　　　日本書籍出版協会・自然科学書協会・工学書協会　会員
　　　　JCOPY ＜(社)出版者著作権管理機構 委託出版物＞

落丁・乱丁本はお取替えいたします　印刷／モリモト印刷・製本／協栄製本

Printed in Japan ／ ISBN978-4-627-72312-2

図書案内　森北出版

英和対照[工学基礎テキスト]シリーズ
電気電子回路

石川赳夫・橋本誠司／著

菊判 ・ 192頁　定価 2520円　（税込）　ISBN978-4-627-63041-3

幅広い工学分野の基礎となる電気電子回路の入門書．全文英和併記なので，日本語と英語，それぞれの表現を比較しながら読むことができる．また，英和／和英のどちらからも引ける索引がついており，専門用語の検索も簡単にできる．

基礎電気回路（第2版）

伊佐　弘・谷口勝則・岩井嘉男・吉村　勉・見市知昭／著

菊判 ・ 192頁　定価 2100円　（税込）　ISBN978-4-627-73292-6

回路の基本的な諸法則と回路方程式の作成・解法を丁寧に解説した好評のテキストの改訂版．今回の改訂では，JISに合わせて図記号を変更や説明の追加・補足などを行い，紙面レイアウトも一新した．

VHDLによるディジタル電子回路設計

兼田　護／著

菊判 ・ 160頁　定価 2310円　（税込）　ISBN978-4-627-79191-6

VHDLを用いたディジタル電子回路の設計をコンパクトにまとめた教科書．ディジタル回路の基礎からVHDL記述までを幅広く学ぶことができる．

ディジタル回路の基礎

角山正博・中島繁雄／著

菊判 ・ 192頁　定価 2520円　（税込）　ISBN978-4-627-79201-2

ディジタル回路の基礎を具体例を用いてできるだけやさしく解説．また，設計した回路のシミュレーションを行って回路の動作を確認することで，さらに理解を深めることもできる．

定価は2009年12月現在のものです．現在の定価等は弊社HPをご覧下さい．

http://www.morikita.co.jp